Lehrmittel für gewerbliche Berufsschulen
Herausgegeben von
Professor Horstmann
Oberschulrat in Berlin
Professor Hecker
Oberregierungs- u. Gewerbeschulrat in Kassel
Oberschulrätin Fuhr
in Berlin

Heft 1

Rechenbuch für Maschinenbauerklassen an gewerblichen Berufsschulen

von

Uhrmann
Gewerbeschulrat der Stadt Köln

und

Schuth
Direktor der Fach- und Berufsschule für Industrie, Düsseldorf

Mit 136 Figuren

Fünfte Auflage

Springer Fachmedien Wiesbaden GmbH 1925

ISBN 978-3-663-15267-5 ISBN 978-3-663-15832-5 (eBook)
DOI 10.1007/978-3-663-15832-5

Vorwort zur ersten bis fünften Auflage.

Die Erkenntnisse bei den Arbeiten am staatlichen Gewerbelehrer-Seminar zu Berlin hatten schon vor dem Kriege den Wunsch nach neuen Lehrmitteln für die Schule geweckt. Zur selben Zeit war in den Lehrerkreisen des rheinisch-westfälischen Bezirks aus den Erfahrungen des Unterrichts heraus das gleiche Verlangen zum Ausdruck gekommen. Das vorliegende Rechenbuch hat die Reihe der geplanten Lehrmittel und Leitfäden eröffnet und erscheint heute in fünfter Auflage.

Man kann den Standpunkt vertreten, daß ein Rechenbuch für die Hand des Berufsschülers unnötig ist. Die Herausgeber haben sich aber mehr und mehr davon überzeugen müssen, daß der Rechenunterricht in den Maschinenbauerklassen ohne geeignetes Rechenbuch manchen Hemmungen unterliegt.

Das Zusammentragen passender Aufgaben erfordert vom Lehrer einen großen Zeitaufwand. Die Stellung der Aufgaben beansprucht einen erheblichen Teil der für die Übungen so notwendigen Unterrichtszeit. Das dauernde Ergebnis des Rechenunterrichts ist für den Schüler zu wenig greifbar, weil ihm die Wiederholungsmöglichkeit ohne Rechenbuch erschwert ist.

Vorliegendes Buch ist für die Hand der Schüler bestimmt. Unter Ausschaltung alles Zwecklosen und Nebensächlichen enthält es den notwendigen Rechenstoff für alle Stufen der gewerblichen Berufsschule. Rechenübungen, die das praktische Leben nicht verlangt, sind grundsätzlich vermieden worden.

Wir wollen hierbei betonen, daß das Buch für Maschinenbauerklassen, d. h. also für Lehrlinge und angelernte Arbeiter in der Industrie bestimmt ist und auf die Bedürfnisse des Kleingewerbes in bewußter Weise keine Rücksicht nimmt.

Die einleitenden Aufgaben, die den Stoff aus den oberen Klassen der Volksschule in gedrängter Kürze bringen, brauchen nicht etwa der Reihe nach durchgenommen zu werden, sie sollen nur, wenn nötig, als stets bereites Wiederholungsmittel dienen.

Die Kostenberechnung wurde in der vorliegenden Auflage, vielfachen Wünschen entsprechend, etwas erweitert. Für den Industriearbeiter genügt es, wenn er über die Grundzüge der Preisbildung Klarheit hat und einsehen lernt, daß der Unterschied zwischen Materialkosten, Löhnen und dem Verkaufspreis nicht nur Gewinn ist.

Die bei den jeweiligen Aufgaben angesetzten Löhne, Gehälter, Materialkosten usw. sind den augenblicklichen Verhältnissen angepaßt worden. Da sie ja aber auch künftig noch fortwährenden Schwankungen unterworfen sein werden, muß es dem Lehrer überlassen bleiben, gegebenenfalls diesen in entsprechender Weise Rechnung zu tragen.

In der vorliegenden fünften Auflage sind auch die Kapitel: Kranken-, Unfall-, Invaliden-, Hinterbliebenen- und Angestelltenversicherung den geänderten Gesetzen und Bestimmungen angepaßt worden.

Möge das Buch auch in seiner fünften Auflage weitere Freunde finden.

Köln und Düsseldorf, den 1. November 1924.

Die Verfasser.

Inhaltsverzeichnis.

Rechnen mit ganzen Zahlen.

1. Lesen und Schreiben der Zahlen.

1. Lies die Stellenwerte der Zahl 1 874 365! a) Stellenweise rückwärts! (5, 60, 300, 4000 usf.) b) Im Wechsel!

Anmerkung: Die Schüler sind zu belehren, daß der Stellenwert jeder Ziffer bis an das Ende der Zahl reicht; die zugehörigen Nullen werden durch die folgenden Stellen verdeckt.

c) Übe an anderen Beispielen! (Wandtafel.)

2. Schreibe folgende Zahlen nach Diktat! a) nebeneinander: 375, 1894, 32, 697, 1650, 2598, 35605, 48007, 508, 307903, 1513704, 348009. Lies die geschriebenen Zahlen! b) untereinander: 1560, 538, 17509, 5, 68, 40500, 3067506, 536493, 96, 1650, 360000, 2098. Lies die geschriebenen Zahlen! Übe an anderen Beispielen nach Bedarf!

2. Zusammenzählen.

***1.** Ergänze bis 100: 50, 30, 70, 90, 20, 80, 43, 78, 24, 61, 49, 87, 32, 56, 42.

***2.** Ergänze bis 1000: 200, 600, 400, 700, 100, 500, 130, 460, 520, 940, 210, 730, 350, 690, 870, 360, 365, 742, 874, 672, 248, 906, 513, 446, 178, 364.

***3.** Bilde Reihen bis zur Verzehnfachung: a) mit 30, 40, 70, 90, 60, 80; b) mit 400, 600, 800, 700, 300, 900; c) mit den Zahlen von 11—19; d) mit 24, 25, 36, 45, 48, 64, 75.

***4.** Zähle zusammen:

a)	b)	c)	d)
50 ℳ + 28 ℳ;	70 ℳ + 50 ℳ;	130 kg + 60 kg;	340 kg + 230 kg
37 = + 40 =	60 = + 85 =	146 = + 50 =	224 = + 170 =
25 = + 32 =	75 = + 62 =	122 = + 44 =	526 = + 462 =
64 = + 26 =	54 = + 86 =	136 = + 24 =	621 = + 339 =
43 = + 38 =	78 = + 46 =	118 = + 29 =	456 = + 368 =

Die mit * bezeichneten Aufgaben eignen sich für Kopfrechnen.

*5. Ein Schlosser hat an den einzelnen Tagen einer Lohnwoche 8, 6, 11, 10, 12, 11 Std. gearbeitet. Gesamtzahl?

6. Ein Schlosser arbeitet während der 14tägigen Lohnzeit am 1. Stück 9, 8, 5, 4 Std., am 2. Stück 11, 11, 9, 6, 8 Std., am 3. Stück 7, 4, 9, 6, 3 Std., am 4. Stück 8, 6, 7, 8 Std. *a) Wie lange hat er an jedem Stück gearbeitet? b) Wieviel Stunden hat er im ganzen gearbeitet?

7. Ein Arbeiter hat für die Invalidenversicherung an Beiträgen gezahlt in Lohnklasse 2 185 Wochen, in Lohnklasse 4 146 Wochen, in Lohnklasse 5 212 Wochen. Bestimme die Versicherungswochen!

8. Für eine Arbeit wurde nach den Wiegescheinen 125, 482, 2054, 1208, 45, 806 kg Eisen gebraucht. Gesamtgewicht?

9. Bestimme den Stromverbrauch für das Jahr, wenn monatlich 162, 143, 104, 136, 89, 84, 114, 149, 168 Kilowattstunden verbraucht wurden!

*10. Monteur A. gebraucht monatlich für Miete 35 ℳ, Haushaltung 70 ℳ, Kleidung 15 ℳ, Steuern und Versicherung 10 ℳ, Taschengeld 5 ℳ, sonstige Ausgaben 4,50 ℳ. Bestimme die Summe der Ausgaben für den Monat!

3. Abziehen.

*1.

a)	b)	c)	d)
90 ℳ − 30 ℳ;	140 ℳ − 30 ℳ;	225 kg − 50 kg;	875 kg − 543 kg
65 „ − 40 „	175 „ − 60 „	336 „ − 44 „	500 „ − 364 „
70 „ − 47 „	600 „ − 360 „	453 „ − 130 „	690 „ − 236 „
68 „ − 24 „	360 „ − 70 „	365 „ − 124 „	805 „ − 478 „
96 „ − 59 „	256 „ − 89 „	604 „ − 408 „	445 „ − 268 „

*2. Das Gewicht von Gußteilen mit Wagen beträgt 326 kg; der Wagen wiegt 68 kg. Bestimme das Gewicht der Gußteile!

*3. Die Summe der Besitzteile des Schlossers A. beträgt 1550 ℳ; die Schulden betragen 45 ℳ. Bestimme das Reinvermögen!

*4. Ein Grundstück ist 685 qm groß. Bestimme Hof und Garten, wenn für Straße 18 qm und für Wohnhaus mit Anbau 254 qm abgerechnet werden!

*5. Ein Werkmeister erhält eine Fuhre Kohlen mit nachfolgendem Wiegeschein:

Tausend	Hundert	Kilogramm		Köln, den 1. 5. 1916.
3	5	20	kg Brutto	Nußkohlen II
1	2	50	kg Tara	Empfänger: Herr Faust
			kg Netto	Gewogen durch: Fink

Bestimme das Gewicht der Kohlen!

Bruttogewicht: Ware mit Verpackung.
Tara: Verpackung (Kiste, Sack, Korb, Wagen usw.).
Nettogewicht: Ware.

6. Bestimme die Nettogewichte folgender Waggonsendungen!

Brutto:	14160 kg,	21500 kg,	22050 kg,	27300 kg
Tara:	5390 „	7050 „	8200 „	9130 „

4. Vervielfachen.

Merke: Zeichen für Vervielfachen × oder ·.

*1. Vervielfache 8, 12, 25, 36, 48, 72, 96, 150, 225, 365 mit 10, 100, 1000.

Merke: Eine ganze Zahl wird mit 10, 100 oder 1000 vervielfacht, indem man 1, 2 oder 3 Nullen anhängt.

*2. Vervielfache 6, 24, 45, 75, 84, 144, 216, 348, 536, 875 mit 4, 6, 5, 9, 7.

*3. Vervielfache 8, 15, 18, 25, 65, 105, 125, 180, 225, 360 mit 30, 80, 60, 90, 70, 200, 400, 500.

4. Vervielfache 9, 18, 24, 35, 36, 42, 46, 52, 65, 72 mit 11, 12, 16, 18, 17.

*5. Eine flußeiserne Zugstange hat einen Querschnitt von 10, 9, 12, 15, 18, 24 qcm. Welche Last kann jede Stange tragen, wenn man auf 1 qcm 1000 kg Belastung rechnet?

*6. Der Halbmesser eines Kreises ist: 24, 25, 45, 36, 66, 118, 142, 156 mm. Bestimme den Durchmesser!

*7. Der Tagesverdienst eines Arbeiters beträgt: 2,00, 3,50, 4,20, 5,00 *M*. Bestimme den Jahresverdienst!

Beachte: 1 Jahr = 300 Arbeitstage.

*8. 1 cbm Mauerwerk erfordert 400 Ziegelsteine. Wieviel Steine sind für 62 cbm erforderlich?

*9. Der Schall legt in einer Sekunde etwa 333 m zurück. Wie weit ist das Gewitter entfernt, wenn vom Aufleuchten des Blitzes bis zum Vernehmen des Donners 4, 6, 8, 7, 9, 12 Sekunden vergehen?

5. Teilen.

*1. Teile durch 10: 30, 400, 650, 820, 960, 1250, 6500, 7300, 8260, 9070.

*2. Teile durch 100: 200, 600, 800, 1200, 2400, 4500, 16500, 10600, 18300, 325000.

Merke: Eine ganze Zahl wird durch 10, 100 oder 1000 geteilt, indem man 1, 2 oder 3 Stellen abstreicht.

*3. Teile durch 2: 12, 22, 32, 54, 76, 90, 124, 144, 260, 380.

*4. Teile durch 3: 36, 45, 75, 96, 120, 144, 186, 204, 360, 750.

*5. Teile durch 4: 44, 72, 112, 160, 220, 280, 364, 496, 624, 872.

*6. Teile durch 5: 40, 65, 125, 140, 225, 450, 605, 825, 1050, 2400.

*7. Teile durch 6: 42, 96, 144, 180, 360, 420, 480, 540, 720, 2640.

*8. Teile durch 7: 28, 56, 98, 140, 224, 350, 420, 455, 560, 1470.

*9. Teile durch 8: 56, 96, 120, 136, 240, 320, 480, 736, 840, 1240.

*10. Teile durch 9: 54, 99, 117, 153, 180, 270, 360, 378, 450, 2862.

Merke: Ohne Rest teilbar sind:
durch 10 alle Zahlen, die am Ende 1 Null haben;
" 100 " " " " " 2 Nullen haben;
" 5 " " " " " 0 oder 5 haben;
" 2 " geraden Zahlen.

*11. Der Durchmesser eines Kreises ist 24, 36, 84, 96, 106, 136, 144, 208, 224, 436 mm. Bestimme den Halbmesser!

*12. Ein Kreis hat 360°. Wieviel Grad hat der 10., 5., 4., 8., 3., 6. Teil eines Kreises?

*13. 1 qcm Flußeisen kann mit 1000 kg auf Zug belastet werden. Wie groß ist der Querschnitt einer Zugstange zu wählen bei 2000, 3000, 5000, 8000 kg Belastung?

14. 1 qcm Sandstein kann mit 25 kg auf Druck belastet werden. Wie groß muß die Druckfläche sein bei 2000, 2500, 3200, 4500, 6400, 7500 kg Belastung?

Rechnen mit Dezimalzahlen.

1. Lesen und Schreiben der Dezimalzahlen.

1. Lies die Stellenwerte der Zahl 12856,4635! a) Der Stellen vor dem Komma, vom Komma an rückwärts (6, 50, 800 usw.); b) der Stellen nach dem Komma, zuerst nach rechts (4 Zehntel, 6 Hundertstel usw.); dann rückwärts (5 Zehntausendstel, 30 Zehntausendstel usw.). Übe an anderen Beispielen nach Bedarf!

2. Lies folgende Dezimalzahlen:

a)	5,3	b)	4,25	c)	6,125	2,1225
	18,5		16,36		15,025	14,0585
	245,8		405,02		615,408	365,4275
	4250,5		3260,75		4260,175	6285,48325

3.

a)	0,5	b)	0,25	c)	0,125	d)	0,2125
	0,8		0,36		0,425		0,4025
	0,4		0,05		0,204		0,25422

4. Schreibe folgende Zahlen nach Diktat nebeneinander: 8,6, 18,5, 125,9, 2045,5, 6,25, 16,75, 618,06, 5206,42, 2,125, 24,356, 215,055, 2035,226, 25,4125, 318,5045, 4005,2215, 0,2, 0,4, 0,28, 0,45, 0,05, 0,315, 0,205, 0,35415, 0,30605. Lies die geschriebenen Zahlen!

5. Schreibe folgende Zahlen untereinander: 1,145, 12,25, 48,205, 345,6, 405,058, 0,15, 2,025, 4650,8, 6205,324, 5000,4005, 0,785, 1,0845, 8,6. Lies die geschriebenen Zahlen! Übe an anderen Beispielen!

2. Zusammenzählen.

*1.

a)	b)	c)
5 + 0,4	0,5 + 14	0,4 + 0,2
36 + 1,8	1,2 + 36	21,4 + 5,4
76 + 0,46	0,84 + 32	24,8 + 12,2
124 + 16,25	15,75 + 142	118,2 + 32,6
245 + 0,625	0,225 + 256	208,7 + 136,3
316 + 114,456	224,405 + 145	356,8 + 152,6

*2.

a)	b)	c)
0,25 + 0,15	0,4 + 0,15	3,4 + 2,125
14,45 + 12,25	26,7 + 12,36	18,6 + 32,422
36,85 + 10,15	405,4 + 210,96	112,25 + 200,812
156.72 + 124,025	124,18 + 6,5	236,442 + 14.5
274,65 + 108,35	24,45 + 48,6	56,825 + 36,18
350,76 + 405,48	314,56 + 106,8	112,775 + 52,24

3. Schreibe folgende Zahlen untereinander und zähle sie zusammen: 14,743, 48,223, 38,469, 0,883, 2,1, 24,4896, 356,4835, 2438,37, 54,7896, 0,0049, 124,367, 35967,4315!

4. Ein Schlosser verdiente in 5 aufeinander folgenden Wochen 22,00, 23,50, 24,80, 32,40, 38,70 *M*. Wieviel hat er im ganzen verdient?

3. Abziehen.

*1.

a)	b)	c)
6 − 0,8	36,5 − 4	0,8 − 0,5
45 − 4,2	42,8 − 15	26,5 − 18,5
75 − 0,25	154,72 − 32	32,6 − 11,4
115 − 12,75	224,25 − 48	136,3 − 14,5
326 − 0,575	165,105 − 34	224,8 − 115,3
456 − 224,225	258,245 − 146	305,6 − 120,8

2.

a)	b)	c)
0,25 − 0,15	0,5 − 0,25	6,4 − 2,225
25,45 − 12,25	24,8 − 12,45	24,6 − 12,356
46,75 − 15,12	242,6 − 120,75	128,25 − 22,755
124,15 − 8,09	145,75 − 9,5	236,425 − 14,5
256,85 − 245,32	86,55 − 25,5	65,524 − 26,25
408,62 − 200,75	246,65 − 106,8	456,785 − 265,85

3. Auf eine Schuld von 285,50 *M* werden zuerst 38,50 *M*, dann 123,60 *M* bezahlt. Bestimme den Rest!

4. Eine Schlosserei bezog folgende Mengen Rundeisen: 156,8, 28,3, 254,9, 68,4, 376,75 kg. In der Werkstatt wurden verbraucht: 583,25 kg. Bestimme den Bestand!

4. Vervielfachen.

*1. Vervielfache: 0,655, 1,425, 16,264, 0,75, 0,456, 560,82, 605,402, 1485,55, 950,06, 48,005, 75,5 62,4008 mit 10, 100, 1000.

Merke: Dezimalzahlen werden mit 10, 100 oder 1000 vervielfacht, indem man das Komma 1, 2 oder 3 Stellen nach rechts rückt. Fehlende Stellen werden durch Nullen ersetzt.

*2. Vervielfache: 0,12, 1,4, 16,25, 12,02, 14,3, 11,125, 0,4, 16,12, 2,15, 18,3 mit 4, 5, 6, 8.

*3. Vervielfache: 0,13, 1,5, 3,25, 10,5, 14,04, 16,12, 19,5, 0,6, 2,18, 4,012 mit 20, 30, 40.

4.

a)	b)	c)
0,4 · 0,6	16,25 · 8,4	214,142 · 0,04
0,5 · 1,8	124,04 · 12,8	682,425 · 0,75
1,2 · 1,5	12,125 · 7,024	705,62 · 14,5
0,6 · 12,05	0,75 · 420,02	124,85 · 52
14,5 · 0,8	10,05 · 49,8	725,124 · 800

Merke: Dezimalzahlen werden wie ganze Zahlen vervielfacht. In der Antwort werden soviel Stellen abgestrichen, wie beide Zahlen zusammen haben.

5. Ein Beamter hat nach Abzug der Versicherungsbeiträge ein monatliches Gehalt von 186,80 ℳ. Bestimme sein Jahreseinkommen!

6. Der Umfang eines Wagenrades ist 4,25 m. Wieviel Meter legt das Rad bei 328,5 Umdrehungen zurück?

5. Teilen.

*1. Teile durch 10, 100, 1000: 65, 145, 3175, 4252, 6, 12, 205, 6005, 142,5, 226,45, 2865,5, 400,65, 1250,18, 55,8, 60,75, 5,185, 5,24, 0,52, 0,6, 0,04.

Merke: Dezimalzahlen werden durch 10, 100 oder 1000 geteilt, indem man das Komma 1, 2 oder 3 Stellen nach links rückt. Fehlende Stellen werden durch Nullen ersetzt.

*2. Teile durch 2: 15, 45, 125, 4,6, 16,2, 215,4, 0,4, 0,42, 0,12, 36,02, 305,112, 200,31.

*3. Teile durch 4: 6, 46, 135, 5,6, 18,4, 315,2, 0,8, 0,48, 0,24, 36,08, 201,24, 300,36.

*4. Teile durch 5: 18, 62, 224, 6,5, 18,5, 124,5, 0,5, 0,75, 0,25, 24,05, 206,145, 400,15.

*5. Teile durch 6: 15, 57, 165, 8,4, 16,8, 224,4, 0,9, 0,84, 0,36, 42,09, 305,96, 100,44.

6. Teile dieselben Zahlen durch 8, 7, 9.

7. Teile durch 16: 66, 123, 240,30, 5, 11, 1470,5.

8. Teile dieselben Zahlen durch 24, 38, 75.

9.

a)	b)	c)
8 : 0,5	4,5 : 0,9	2,34 : 0,5
12 : 0,4	8,4 : 0,6	18,26 : 1,9
72 : 1,5	1,17 : 0,13	36,065 : 12,45
126 : 1,2	2,65 : 0,15	8,2 : 4,25
224 : 15,5	12,65 : 1,45	16,5 : 2,125
18 : 0,15	418,75 : 6,25	670,86 : 24,8
144 : 0,12	316,84 : 16,15	204,5 : 105,225
42 : 0,06	375,125 : 4,224	65,24 : 195,156
8 : 0,125	205,075 : 24,115	0,96 : 16,25
164 : 2,05	65,24 : 85,16	1,82 : 5,025

Merke: Der Teiler muß immer eine ganze Zahl sein. Ist er eine Dezimalzahl, so muß daraus eine ganze Zahl gemacht werden. Dies geschieht durch Auslassen des Kommas, wodurch der Teiler mit 10, 100 oder 1000 vervielfacht wird. Die Zahl, welche geteilt werden soll, muß dann auch mit 10, 100 oder 1000 vervielfacht werden durch Anhängen von Nullen oder Verschieben des Kommas.

10. Auf einer Rechnung sind für 386 kg Flacheisen 71,41 ℳ berechnet. Bestimme den Preis für 1 kg!

11. In einer Werkstätte soll eine Eisentreppe von 4,32 m Höhe angebracht werden. Bestimme die Anzahl der Stufen, wenn jede Stufe 0,18 m hoch werden soll!

12. Ein Flugzeug legte in 5,5 Std. 625,75 km zurück. Bestimme die durchschnittliche Geschwindigkeit in Kilometer für 1 Std.!

13. Ein Schlosser hat im letzten Jahre 1640 ℳ verdient. Bestimme den durchschnittlichen Verdienst: a) für den Monat, b) für die Woche.

14. Für eine Akkordarbeit werden 875,75 ℳ gezahlt, die auf 6 Arbeiter gleichmäßig zu verteilen sind. Wieviel erhält jeder?

15. In einen Behälter, der 750 l faßt, fließen in 1 Minute 52,5 l. In wieviel Minuten ist er gefüllt?

16. Ein Wagenrad legt bei 375,5 Umdrehungen einen Weg von 1432 m zurück. Bestimme den Umfang des Rades!

17. Eine Pumpe fördert in 3,5 Std. 15852,85 l Wasser. Wieviel fördert sie in 1 Std?

Das deutsche Geld.

Die Rechnungseinheit ist die Reichsmark (1 Reichsmark = 1 Billion Papiermark).
1 Mark (ℳ) = 100 Pfennig (₰).

1. Lies als Mark und Pfennig: 1,15, 2,20, 4,05, 0,65, 0,06, 0,80, 12,42, 406,50, 105,05, 300,15 ℳ.

2. Lies als Pfennige: 0,15, 0,20, 0,03, 0,08, 1,15, 1,65, 2,10, 1,08, 4,45, 5,50, 12,05 ℳ.

Anmerkung: Lies die vorstehenden Beträge in Papiermark.

3. Schreibe nach Diktat untereinander: 2 ℳ 25 ₰, 48 ₰, 1 ℳ 5 ₰, 60 ₰ 12 ℳ 40 ₰, 75 ₰, 216 ℳ 8 ₰, 6 ₰, 465 ℳ 96 ₰, 1 ℳ 68 ₰, 48 ℳ, 300 ℳ 50 ₰.

*4. Übungen im Zurückgeben:

a)	Auf	0,50 ℳ	bei	15 ₰,	22 ₰,	36 ₰,	8 ₰,	16 ₰;
b)	„	1 ℳ	„	20 ₰,	45 ₰,	52 ₰,	65 ₰,	82 ₰;
c)	„	2 ℳ	„	1,25 ℳ,	86 ₰,	1,05 ℳ,	1,38 ℳ,	65 ₰;
d)	„	3 ℳ	„	1,50 ℳ,	2,10 ℳ,	95 ₰,	68 ₰,	2,45 ℳ;
e)	„	5 ℳ	„	3,50 ℳ,	2,75 ℳ,	1,25 ℳ,	82 ₰,	4,12 ℳ;
f)	„	10 ℳ	„	3,00 ℳ,	6,25 ℳ,	5,40 ℳ,	3,75 ℳ,	8,16 ℳ;
g)	„	20 ℳ	„	15,50 ℳ,	12,65 ℳ,	8,12 ℳ,	6,05 ℳ,	16,28 ℳ;
h)	„	100 ℳ	„	32,00 ℳ,	17,50 ℳ,	48,35 ℳ,	27,26 ℳ,	83,14 ℳ.

*5.

5,00 ℳ	
16,00 „	a) Zähle zu nebenstehenden Summen zu: 7, 9, 15, 8,50,
23,80 „	7,45, 0,48 ℳ;
47,50 „	b) Ziehe ab: 0,50, 0,80, 0,75, 1,50, 4,50, 2,25 ℳ;
25,40 „	c) Vervielfache mit: 5, 7, 4, 8, 12, 15, 25;
16,70 „	d) Teile durch: 2, 4, 5, 8, 12.
125,60 „	Übe weitere Aufgaben nach Bedarf!
244,30 „	

Notwendige und unnütze Geldausgaben.

*1. Ein Lehrling erhält bei seinem Lehrantritt: 2 Arbeitsanzüge, das Stück für 15 ℳ, 1 Paar Stiefel 14 ℳ, 1 Mütze 2,50 ℳ. Bestimme die Kosten!

*2. Ein Vater hat für seinen Sohn folgende Jahresausgaben gebucht: 1 Anzug 50 ℳ, 1 Paar Stiefel 14 ℳ, 1 Hut 7,50 ℳ, 1 Schirm 5,50 ℳ, 6 Paar Strümpfe, das Paar 1,25 ℳ, 6 Hemden, das Stück 4,75 ℳ, 6 Kragen, das Stück 0,65 ℳ, 1 Schlips 2,50 ℳ. Bestimme die Gesamtkosten!

*3. Ein Schlosserlehrling hat für die Fortbildungsschule notwendig: Hefte für 1,20 ℳ, 1 Formularmappe 0,15 ℳ, 1 Schnellhefter 0,15 ℳ, 1 Bürgerkunde 1,20 ℳ, 1 Rechenbuch 1,50 ℳ, 1 Skizzenblock 0,40 ℳ, 1 Sammelmappe 0,10 ℳ, 1 Reißschiene und 2 Winkel 1,80 ℳ, 1 Reißzeug 5,50 ℳ. Bestimme die Kosten der Lernmittel!

4. Ein Lehrling erhielt jedes Jahr: 1 Anzug 45 ℳ, 2 Arbeitsanzüge, das Stück 14 ℳ, 1 Paar Stiefel 12,50 ℳ, Stiefelausbesserungen 16 ℳ, neue Wäsche für 20 ℳ; dazu im 1. Lehrjahr wöchentlich 0,50 ℳ, im 2. Lehrjahr 0,75 ℳ und im 3. Lehrjahr 1,20 ℳ Taschengeld. Bestimme die Ausgaben der Eltern: a) für jedes Jahr; b) für die 3 Lehrjahre.

*5. Ein Schlosserlehrling kauft jede Woche Zigaretten für: 0,30, 0,40, 0,50, 0,75, 1,20 ℳ. Bestimme die jährliche Ausgabe!

Anmerkung: Drücke die Resultate der vorstehenden Aufg. 1—9 in Papiermark aus.

*6. Ein Lehrling gibt durchschnittlich jede Woche aus für Kinobesuch: 1,50 ℳ, Bier 0,60 ℳ, Zigarren 1,20 ℳ. Bestimme die Ausgaben für 1, 2 und 3 Jahre!

*7. Ein Lehrling kauft sich alle 14 Tage ein Erzählungsbuch für 0,75 ℳ. Bestimme die Jahresausgabe!

*8. Ein Arbeiter gibt jeden Tag aus für geistige Getränke 0,40 ℳ, Tabak und Zigarren 0,50 ℳ. Bestimme die Ausgaben für 1 Jahr!

*9. Ein Schlossergeselle mit 0,50, 0,65, 0,68, 0,72 ℳ Stundenlohn versäumt jeden Montag 4 Std. Bestimme den Lohnausfall: a) für die Woche; b) für das Jahr!

Das ausländische Geld.

(Nach dem Stande vor dem Kriege.)

			ℳ
Österreich	1 Krone (100 Heller)	=	0,85
Frankreich, Schweiz, Belgien	1 Franc (100 Centimes)	=	0,80
Holland	1 Gulden (100 Cents)	=	1,70
Dänemark, Schweden, Norwegen	1 Krone (100 Öre)	=	1,12
Rußland	1 Rubel (100 Kopeken)	=	2,15
Italien	1 Lira (100 Centesimi)	=	0,80
Spanien	1 Peseta (100 Centimos)	=	0,80
Bulgarien	1 Lewa (100 Stotinki)	=	0,80
Griechenland	1 Drachme (100 Lepta)	=	0,80
Türkei	1 Piaster (40 Para)	=	0,18
Nordamerika	1 Dollar (100 Cents)	=	4,20
England	1 Pfund Sterling (20 Schilling)	=	20,40
	1 Schilling (12 Pence)	=	1,02

Es sind umzurechnen:

1. In österreichisches Geld: 100, 75, 156, 245, 37,50, 78,60 ℳ.
   Lösung: 100 : 0,85 usw.

2. In deutsches Geld: 100, 500, 65, 185, 35,60, 260,80 Kr.
   Lösung: 100 · 0,85 usw.

3. In französisches, belgisches oder schweizerisches Geld: 100, 250, 380, 1260, 25,50, 60,40 ℳ.
   Lösung: 100 : 0,80 usw.

4. In deutsches Geld: 100, 255, 58,50, 168,60, 734,50 Fr.
   Lösung: 100 · 0,80 usw.

5. Ein Monteur, der eine Maschine in Belgien aufzustellen hat, erhält von seiner Firma 200 ℳ Reisevorschuß. Er läßt sich den Betrag in belgisches Geld umwechseln. a) Wieviel erhält er? b) Nach Vollendung der Arbeit besitzt er noch 5 Fr. 65 Cent. Diesen Betrag läßt er in deutsches Geld umwechseln. Wieviel erhält er? c) Wieviel Mark hat er ausgegeben?

Anmerkung: Stelle durch Nachfrage bei einer Wechselkasse fest, was für 1 Belg. Franc. zu zahlen ist.

6. Ein Werkmeister wird zur Beaufsichtigung einer Montage nach Holland entsandt. Den Reisevorschuß von 300 ℳ läßt er in holländisches Geld umwechseln. a) Wieviel erhält er? b) Nach einigen Tagen erhält er von der Firma noch 120 ℳ durch die Post nachgesandt. Welche Summe zahlt die Post in holländischem Gelde aus? c) Nach Fertigstellung der Arbeit hat er noch 4 Gld. 48 Cents. Diesen Betrag läßt er in deutsches Geld umwechseln. Wieviel erhält er? d) Wieviel Mark hat er ausgegeben?

Rechnen mit Brüchen.

1. Lesen und Schreiben von Brüchen.

1. Lies: 2:3 (2 geteilt durch 3), 1:2, 3:4, 7:8, 5:6, 4:5.

Merke: Das Teilungszeichen kann auch durch einen Bruchstrich ersetzt werden.

2. Lies: $\frac{2}{3}$, $\frac{1}{2}$, $\frac{3}{4}$, $\frac{7}{8}$, $\frac{5}{6}$, $\frac{4}{5}$. a) 2 geteilt durch 3 usw.; b) 2 Drittel usw.

3. Lies: $\frac{1}{4}$, $\frac{2}{5}$, $\frac{1}{3}$, $\frac{5}{8}$, $\frac{7}{10}$, $\frac{5}{12}$, $1\frac{1}{8}$, $2\frac{3}{4}$, $8\frac{5}{6}$, $18\frac{2}{3}$, $25\frac{3}{5}$, $30\frac{7}{8}$.

4. Schreibe in Bruchform nach Diktat: 1:6, 4:5, 5:9, 2:3, 5:2, 3:4, 11:12, 7:8, 9:10, 5:12.

2. Verwandeln ganzer und gemischter Zahlen in unechte Brüche und umgekehrt.

*1. Verwandle 2, 5, 4, 8, 12, 16, 18, 20, 24, 36 Ganze in Halbe, Drittel, Viertel, Fünftel, Zehntel.

*2. Verwandle in unechte Brüche: $4\frac{1}{2}$, $5\frac{3}{4}$, $8\frac{2}{3}$, $12\frac{3}{5}$, $16\frac{5}{6}$, $8\frac{3}{10}$, $18\frac{1}{4}$, $15\frac{3}{8}$, $19\frac{4}{5}$, $13\frac{2}{9}$.

Merke: Bei einem unechten Bruch ist der Zähler größer als der Nenner, d. h. der Wert ist mehr als ein Ganzes.

*3. Verwandle in ganze oder gemischte Zahlen: $\frac{6}{2}$, $\frac{12}{5}$, $\frac{15}{4}$, $\frac{18}{6}$, $\frac{36}{7}$, $\frac{48}{5}$, $\frac{24}{3}$, $\frac{45}{4}$, $\frac{65}{8}$, $\frac{125}{12}$.

3. Erweitern der Brüche.

Merke: Ein Bruch wird erweitert, wenn Zähler und Nenner mit derselben Zahl vervielfacht werden. Der Wert wird dadurch nicht verändert.

*1. Erweitere: $\frac{1}{2}$, $\frac{3}{4}$, $\frac{7}{8}$, $\frac{4}{5}$, $\frac{5}{6}$, $\frac{7}{12}$ durch 4, 5, 8, 12.

*2. Erweitere: $\frac{1}{2}$, $\frac{1}{4}$ zu $\frac{}{8}$, $\frac{}{12}$, $\frac{}{16}$, $\frac{}{20}$, $\frac{}{24}$; $\frac{1}{3}$, $\frac{1}{6}$ zu $\frac{}{12}$, $\frac{}{18}$, $\frac{}{24}$, $\frac{}{30}$, $\frac{}{36}$;
$\frac{3}{4}$, $\frac{2}{3}$ " $\frac{}{12}$, $\frac{}{24}$, $\frac{}{36}$, $\frac{}{48}$, $\frac{}{72}$; $\frac{3}{5}$, $\frac{7}{10}$ " $\frac{}{20}$, $\frac{}{30}$, $\frac{}{40}$, $\frac{}{50}$, $\frac{}{60}$.

4. Kürzen der Brüche.

Merke: Ein Bruch wird gekürzt, wenn Zähler und Nenner durch dieselbe Zahl geteilt werden. Der Wert wird dadurch nicht verändert.

*1. Kürze: $\frac{6}{18}$, $\frac{4}{16}$, $\frac{8}{20}$, $\frac{10}{15}$, $\frac{10}{12}$, $\frac{24}{30}$, $\frac{48}{60}$, $4\frac{25}{35}$, $12\frac{18}{72}$, $42\frac{20}{45}$.

5. Zusammenzählen und Abziehen.

a) Gleichnamige Brüche.

Merke: Gleichnamige Brüche werden zusammengezählt oder abgezogen, indem man die Zähler zusammenzählt oder abzieht.

*1.	a) $\frac{1}{3}+\frac{1}{3}$	b) $\frac{1}{2}+\frac{1}{2}$	c) $\frac{3}{4}+\frac{3}{4}$	d) $2\frac{1}{2}+6\frac{1}{2}$
	$4\frac{1}{5}+\frac{3}{5}$	$2\frac{1}{4}+\frac{3}{4}$	$1\frac{5}{8}+\frac{7}{8}$	$5\frac{3}{5}+12\frac{4}{5}$
	$12\frac{5}{8}+\frac{1}{8}$	$8\frac{1}{6}+\frac{5}{6}$	$15\frac{7}{12}+\frac{11}{12}$	$16\frac{7}{9}+14\frac{5}{9}$
*2.	a) $\frac{2}{3}-\frac{1}{3}$	b) $1-\frac{3}{4}$	c) $12\frac{3}{4}-\frac{1}{4}$	d) $9\frac{4}{5}-6\frac{2}{5}$
	$\frac{7}{8}-\frac{5}{8}$	$12-\frac{5}{8}$	$5\frac{3}{8}-\frac{7}{8}$	$48\frac{1}{8}-5\frac{5}{8}$
	$\frac{9}{10}-\frac{7}{10}$	$25-6\frac{2}{3}$	$32\frac{1}{6}-\frac{5}{6}$	$52\frac{1}{6}-14\frac{5}{6}$

b) Ungleichnamige Brüche.

Merke: Ungleichnamige Brüche werden vor dem Zusammenzählen und Abziehen gleichnamig gemacht.

*3.	a) $\frac{1}{2}+\frac{1}{4}$	b) $\frac{3}{10}+\frac{2}{5}$	c) $22\frac{1}{2}+\frac{1}{4}$	d) $6\frac{1}{6}+5\frac{2}{3}$
	$\frac{1}{5}+\frac{1}{3}$	$1\frac{5}{8}+\frac{3}{4}$	$16\frac{5}{6}+\frac{2}{3}$	$10\frac{3}{8}+16\frac{1}{2}$
	$2\frac{1}{4}+\frac{1}{6}$	$16\frac{7}{8}+\frac{5}{6}$	$15\frac{3}{5}+\frac{3}{4}$	$25\frac{3}{4}+15\frac{4}{9}$

4.	a) $5\frac{2}{3}$	b) $125\frac{3}{10}$	5. a) $24\frac{1}{4}$
	$12\frac{1}{2}$	$24\frac{5}{8}$	$-\ 8\frac{2}{3}$
	$4\frac{5}{8}$	$220\frac{4}{5}$	
	$16\frac{5}{6}$	$4\frac{11}{12}$	b) $136\frac{5}{8}$
	$4\frac{1}{4}$	$21\frac{3}{4}$	$-\ 74\frac{4}{5}$

6. Vervielfachen.

*1. Vervielfache: $\frac{2}{3}$, $\frac{3}{5}$, $\frac{1}{6}$, $\frac{5}{8}$, $\frac{3}{4}$, $\frac{5}{12}$ mit 2, 4, 5, 12, 15.

Merke: Ein Bruch wird mit einer ganzen Zahl vervielfacht, indem man den Zähler vervielfacht.

*2. Vervielfache: $2\frac{1}{2}$, $5\frac{3}{7}$, $8\frac{2}{3}$, $10\frac{7}{12}$, $15\frac{8}{11}$, $18\frac{5}{6}$ mit 3, 5, 6, 8, 12.

Merke: Bei gemischten Zahlen werden erst die Ganzen, dann die Brüche vervielfacht.

*3. Vervielfache: $\frac{1}{2}$, $\frac{3}{5}$, $\frac{2}{3}$, $\frac{5}{12}$, $\frac{7}{9}$, $\frac{3}{10}$ mit $\frac{1}{2}$, $\frac{2}{3}$, $\frac{5}{6}$, $\frac{3}{5}$, $\frac{7}{8}$.

Merke: Ein Bruch wird mit einem Bruch vervielfacht: Zähler mal Zähler und Nenner mal Nenner.

*4. Vervielfache: $4\frac{1}{2}$, $2\frac{3}{4}$, $5\frac{1}{3}$, $8\frac{3}{5}$, $12\frac{5}{6}$, $10\frac{5}{8}$ mit $\frac{2}{3}$, $3\frac{1}{5}$, $5\frac{5}{12}$, $4\frac{1}{2}$, $8\frac{3}{4}$.

Merke: Gemischte Zahlen werden vorher in unechte Brüche verwandelt.

7. Teilen.

*1. $\frac{2}{3}$, $\frac{6}{7}$, $\frac{4}{5}$, $\frac{8}{15}$, $\frac{12}{25}$: 2.

*2. $\frac{3}{4}$, $\frac{9}{10}$, $\frac{6}{25}$, $\frac{15}{16}$, $\frac{24}{25}$: 3.

Beachte: Der Zähler ist teilbar.

*3. $\frac{1}{2}$, $\frac{1}{4}$, $\frac{7}{6}$, $\frac{3}{4}$, $\frac{2}{5}$, $\frac{7}{8}$: 4, 5, 8, 10.

Beachte: Der Zähler ist nicht teilbar, vervielfache daher den Nenner!
$\left(\frac{1}{2} : 4 = \frac{1}{2 \cdot 4} = \frac{1}{8}.\right)$

*4. $2\frac{1}{2}$, $1\frac{5}{8}$, $3\frac{3}{4}$, $6\frac{1}{3}$, $10\frac{3}{5}$, $15\frac{1}{6}$: 3, 5, 6, 12, 15.

Merke: Gemischte Zahlen werden vorher in unechte Brüche verwandelt.

5.	*$\frac{3}{4} : \frac{1}{4}$,	*$12 : \frac{1}{2}$,	*$6\frac{1}{2} : \frac{1}{2}$,	*$12\frac{1}{3} : 1\frac{2}{3}$.
	$\frac{7}{8} : \frac{5}{8}$,	$15 : 2\frac{3}{4}$,	$15\frac{1}{4} : \frac{1}{4}$,	$18\frac{5}{8} : 4\frac{3}{8}$.
6.	*$\frac{2}{3} : \frac{1}{4}$,	$10\frac{1}{4} : \frac{2}{5}$,	$8\frac{3}{4} : 2\frac{1}{2}$,	$24\frac{9}{10} : 8\frac{2}{5}$.
	$\frac{4}{5} : \frac{1}{3}$,	$18\frac{3}{5} : \frac{7}{10}$,	$14\frac{3}{8} : 2\frac{1}{6}$,	$124\frac{3}{5} : 20\frac{1}{4}$.

Merke: Wenn der Teiler ein Bruch ist, so kehrt man ihn um und vervielfacht. $(\frac{2}{3} : \frac{4}{5} = \frac{2}{3} \cdot \frac{5}{4} = \frac{10}{12} = \frac{5}{6}.)$ Gemischte Zahlen werden vorher in unechte Brüche verwandelt.

7. $\frac{1}{2}$, $\frac{1}{4}$, $\frac{3}{4}$, $\frac{3}{5}$, $\frac{1}{8}$, $\frac{3}{8}$, $\frac{7}{8}$, $\frac{4}{9}$. Führe bei vorstehenden Brüchen die Teilung aus (1 : 2 = 0,5 usw.)

Merke: Durch Ausführung der Teilung wird der Bruch in eine Dezimalzahl verwandelt.

8. Vermischte Aufgaben zur Bruchrechnung.

1. Ein Wagenrad hat einen Umfang von $2\frac{3}{5}$ m. Wieviel Meter hat das Rad nach 4265 Umdrehungen zurückgelegt?

2. Ein Wanderer legt durchschnittlich $32\frac{3}{4}$ km in 1 Tage zurück. Wieviel Tage braucht er für eine Strecke von 262 km?

3. Für die Vergrößerung einer Werkstätte werden 3 angrenzende Grundstücke mit $85\frac{2}{3}$, $156\frac{3}{4}$ und $222\frac{1}{5}$ qm gekauft. Um wieviel Quadratmeter wird die Werkstätte insgesamt vergrößert?

4. Eine Dampfmaschine hat bei einem Versuch in $6\frac{1}{2}$ Tagen $152\frac{1}{4}$ hl Kohlen verbraucht. Wieviel Hektoliter braucht sie dann in 1 Monat (25 Arbeitstage)?

5. Für eine eiserne Umzäunung sind 34 Stück Winkeleisen zu $\frac{3}{4}$ m erforderlich. Wie teuer sind dieselben, wenn 1 m 0,90 ℳ kostet?

6. Von einer Gießerei wurden 8 Gußstücke mit folgenden Gewichten geliefert: $32\frac{1}{4}$, $85\frac{1}{2}$, $24\frac{2}{3}$, $65\frac{1}{6}$, $96\frac{1}{5}$, $102\frac{1}{2}$, $324\frac{1}{2}$, $72\frac{1}{4}$ kg. a) Bestimme das Gesamtgewicht. b) Bestimme den Preis, wenn 1 kg 0,35 ℳ kostet.

Prozentrechnung.

Um das Verhältnis zweier Geldsummen, zweier Gewichte usw. zueinander messen zu können, wird es meist auf die Einheitszahl „100" zurückgeführt. Beträgt der eine Teil 1, der andere Teil 100, so nennen wir das: 1 von Hundert oder 1 Prozent und schreiben das 1%. 1 ist von 100 der hundertste Teil, so daß 1% = $\frac{1}{100}$ ist.

Merke: Ich teile durch 100, indem ich 2 Stellen nach links abstreiche.

Regel: Schließe bei allen Aufgaben zunächst immer auf 1%!

*1. 1% von: 100, 150, 360, 1280, 325, 875, 1865, 905, 1085, 1150 ℳ.

*2. 1% von: 99, 84, 55, 24, 71, 65, 93, 5, 8, 3, 2, 1 ℳ.

Merke: Bei Beträgen unter 100 ℳ ist das Abstreichen nicht nötig. 1% = soviel Pfennig, wie die Summe in Mark beträgt.

*3. 1% von: 18,75, 25,50, 8,60, 7,50, 2,40, 3,25, 30,10, 6,50, 24,80, 12,30 ℳ.

*4. 10% von: 125, 185, 224, 340, 415, 480, 18, 28, 65,50, 45,60, 75,20, 6,80, 24,50, 43,40 ℳ.

Merke: 10 ist von Hundert der zehnte Teil, so daß 10% = $\frac{1}{10}$ ist. Ich teile durch 10, indem ich eine Stelle nach links abstreiche.

*5. 3% von: 115, 165, 1260, 1480, 42, 76, 93, 242, 384, 225 ℳ.
5% „ 125, 210, 460, 84, 65, 5,20, 3,80, 95,50, 42,80 ℳ.
6% „ 315, 205, 96, 19, 142, 735, 25,50, 12,20, 122,50 ℳ.

Beachte: Vielfaches von 1%.

*6. 20% von: 120, 410, 520, 810, 915, 465, 285, 365, 280, 420 ℳ.
40% „ 180, 224, 75, 62, 36, 242, 320, 425, 66, 72 ℳ.
70% „ 160, 142, 52, 28, 215, 565, 340, 125, 680, 435 ℳ.

Beachte: Vielfaches von 10%.

7. $3\frac{1}{2}$% von: 16, 24, 56, 124, 216, 405 ℳ.
$4\frac{1}{2}$% „ 14, 32, 72, 210, 318, 132 ℳ.
$3\frac{1}{3}$% (10%:3) von: 12, 36, 105, 204, 360, 605 ℳ.

8. 35% von: 165, 245, 505, 65,50, 175,50 ℳ.
65% „ 55, 145, 248,50, 615,50, 805,40 ℳ.

9. 50% von: 18, 75, 126,50, 89,40, 1250,60 ℳ.
25% „ 24, 2,80, 6,40, 15,60, 940 ℳ.
75% „ 8, 64, 720, 2,40, 920 ℳ.

Beträgt der eine Teil 1, der andere Teil 1000, so nennen wir das: 1 von Tausend oder 1 Promille und schreiben das 1‰. 1 ist von 1000 der tausendste Teil, so daß 1‰ = $\frac{1}{1000}$ ist.

Merke: Ich teile durch 1000, indem ich 3 Stellen nach links abstreiche.

•10. 1‰ von: 1000, 2000, 4500, 7200, 8750, 12450, 950, 780, 820, 675, 750, 410 ℳ.

•11. $1\frac{1}{2}$‰ von: 1000, 1500, 2400, 5200, 6300, 15600, 980, 820, 765, 580, 669, 480 ℳ.

•12. $\frac{3}{4}$‰ von: 1000, 1200, 3200, 4650, 4800, 16800 ℳ.

•13. In einer Maschinenfabrik werden für Verschnitt 10% vom Material zugerechnet. Materialverbrauch: 125, 226, 15, 32, 48,5, 26,5 kg Eisen. Verschnitt? Zusammen?

14. Berechne 6, 12, 15% Verschnitt bei vorstehendem Materialverbrauch!

17. Berechne die Kosten für das Material eines Gitters:

Eisenverbrauch:	a) 650 kg	b) 240 kg
Verschnitt:	15%	12%

1 kg Eisen kostet 0,20 ℳ.

•18. Eine Maschinenfabrik bezieht 10 Parallelschraubstöcke, das Stück zu 35 ℳ. Der Lieferant gewährt 3 Monate Ziel, bei Barzahlung innerhalb 4 Wochen 2% Skonto. Welcher Betrag ist zu zahlen, wenn die Rechnung innerhalb 4 Wochen beglichen wird?

Anmerkung: Skonto ist der Zahlungsnachlaß bei Barzahlung innerhalb einer bestimmten Zeit.

19. Mit welchem Betrag werden bei $2\frac{1}{2}$% Skonto folgende Rechnungen beglichen: 240, 380, 1050, 1260, 2450 ℳ?

Anmerkung: Rabatt ist der Zahlungsnachlaß bei Barzahlungen. Die Zeit bleibt unberücksichtigt.

•22. Ein Geschäftsmann gibt beim Ausverkauf auf die Ladenpreise 10% Rabatt. Die Waren sind ausgezeichnet mit 20, 35, 48, 54, 120, 155, 175, 225 ℳ. Bestimme Rabatt und Verkaufspreis!

23. Ein Schuhwarenhaus gibt bei einem Räumungsverkauf 15% Rabatt. Wieviel beträgt Rabatt und Verkaufspreis, wenn die Waren ausgezeichnet sind mit 10,15, 12,50, 13,20, 14,60, 15,70, 22,50 ℳ?

Anmerkung: Bei Vermögensaufnahmen und Festsetzung der Geschäftsunkosten wird von Maschinen, Werkzeugen und Gebäuden je nach Abnutzung eine Summe abgeschrieben. Nach der angenommenen Gebrauchsdauer muß der gesamte Anschaffungswert (100%) abgeschrieben sein.

•24. Für Maschinen werden 25, 20, 10, 15, 12 Jahre Gebrauchsdauer angenommen. Wieviel Prozent sind jedes Jahr abzuschreiben?

•25. Für Werkzeuge werden 20, 10, 5, 8, 4 Jahre Gebrauchsdauer angenommen. Wieviel Prozent sind jedes Jahr abzuschreiben?

•26. Berechne den Wert von Maschinen und Werkzeugen nach einem Jahr.

Anschaffungswert	Abschreibung	Anschaffungswert	Abschreibung
100 ℳ	10%	385 ℳ	15%
250 "	20 "	265 "	4 "
325 "	20 "	1050 "	6 "
475 "	5 "	850 "	12 "
165 "	25 "	270 "	8 "

27. Eine Drehbank hat einen Anschaffungswert von 3500 ℳ. Mit welchem Wert ist sie nach 2 Jahren einzusetzen, wenn $8\frac{1}{3}$% abgeschrieben werden?

28. Berechne den Wert von Werkzeugmaschinen bei $12\frac{1}{2}$% Abschreibung in folgenden Fällen:

	a)	b)	c)	d)
Anschaffungswert:	1200,	1850,	3750,	2550 M
Im Gebrauch:	1,	3,	6,	8 Jahre.

29. In einer Maschinenfabrik sind folgende Maschinen vorhanden:

1 Leitspindeldrehbank	mit 5200	M	Anschaffungswert
1 Revolverbank	" 2800	"	"
1 Hobelmaschine	" 8400	"	"
1 Stoßmaschine	" 800	"	"
1 Schnellbohrmaschine	" 560	"	"
1 Fräsmaschine	" 3400	"	"

Welcher Betrag ist auf jede Maschine jährlich abzuschreiben, wenn eine Gebrauchsdauer von 15 Jahren angenommen wird?

*30. Ein Werkstattgebäude hat einen Bauwert von 15000 M. Berechne die jährliche Abnutzung, wenn 2% des Bauwertes angenommen werden!

*31. Ein Arbeiter besitzt ein Wohnhaus mit Anbau im Gesamtwerte von 25000 M. Das Grundstück hat einen Wert von 8000 M. Berechne die Abnutzung, wenn $\frac{1}{2}$% des Bauwertes angenommen wird!

32. Das voraussichtliche Einkommen eines Schlossers beträgt jährlich 1650 M. Von diesem Betrage rechnet er für Miete 20%, Haushalt 55%, Kleidung 15%, Steuern, Versicherungen und Vereinsbeträge 6%, Taschengeld 2%, Ersparnisse 1% und Verschiedenes 1%. Bestimme die einzelnen Beträge: a) für das Jahr! b) Für den Monat!

33. Bei einem Konkurs wurden den Gläubigern 65% ihrer Forderungen bezahlt. Wieviel erhalten die Gläubiger bei Forderungen von 850, 1500, 2000 M?

34. Eine Maschinenfabrik hatte einen Laufkran für 3850 M in Auftrag. Die Lieferzeit wurde um 2 Monate überschritten. Der Besteller zog für jeden Tag 0,1% der Rechnungssumme als Schadenersatz ab. Wieviel beträgt der Abzug?

Zinsrechnung.

Zins ist Vergütung für Benutzung eines Kapitals. Das **Kapital** ist eine geliehene oder verliehene Geldsumme. Bei Berechnung der Zinsen wird das Jahr zu 360 **Tagen**, der **Monat** zu 30 **Tagen** angenommen. Die Zinsen werden stets nur von der vollen Mark berechnet!

1. Darlehen und Hypotheken.

*1. Berechne die jährlichen Zinsen von: 200, 250, 315, 360, 480, 650, 725, 890, 940, 1200, 1550, 1660 M zu 3, 4, 5%.

*2. 300, 150, 240, 320, 420, 550, 630, 750, 920, 1240, 1600, 1850 M zu $3\frac{1}{3}$, $3\frac{1}{2}$, $4\frac{1}{2}$%.

3. 125,50, 75,80, 165,50, 183,75, 245,25, 378,50 M zu 4, $3\frac{1}{2}$, $4\frac{1}{2}$%.

4. Berechne die halbjährlichen Zinsen von: 120, 160, 275, 345, 475, 530, 685, 715, 825,75, 936,50 M zu 4, 5, $3\frac{1}{2}$, $4\frac{1}{2}$%.

5. Berechne die vierteljährlichen Zinsen von: 300, 260, 325, 460, 525, 615, 725, 780, 940, 1050 M zu 4, 5, $3\frac{1}{3}$, $4\frac{1}{2}$%.

6. Berechne die Zinsen von:

225	M	zu	4 %	in	8	Monaten,
450	"	"	$4\frac{1}{2}$ "	"	7	"
825	"	"	5 "	"	5	"
625,50	"	"	$4\frac{1}{2}$ "	"	7	"
760,75	"	"	$5\frac{1}{2}$ "	"	4	"
1275,00	"	"	$4\frac{3}{4}$ "	"	8	"

Löse so.

$1\% = 2{,}25$ M

$4\% = 2{,}25 \cdot 4$

in 1 Monat $= \frac{2{,}25 \cdot 4}{12}$

in 8 Monaten $= \frac{2{,}25 \cdot 4 \cdot 8}{12} = 6$ M.

7. Berechne die Zinsen von:

615	M	zu	4 %	in	85	Tagen,
825	"	"	5 "	"	72	"
580	"	"	6 "	"	48	"
775,00	M	zu	$4\frac{1}{2}$ %	in	55	Tagen,
685,50	"	"	$5\frac{1}{2}$ "	"	122	"
920,75	"	"	$6\frac{1}{2}$ "	"	68	"

8. Jemand hat sich am 1. Januar d. J. 465 M geliehen. Er zahlt die Summe am 1. Juli n. J. mit 12% Zinsen zurück. Welchen Betrag hat er zu zahlen?

9. Jemand leiht sich 350 M. Er verpflichtet sich, die Summe mit $14\frac{1}{2}$% zu verzinsen und vierteljährlich in 4 gleichen Raten zurückzuzahlen. Welche Beträge hat er zu zahlen?

10. Ein Wohnhaus ist zu 18500 M abgeschätzt. Wieviel wird als I. Hypothek gegeben, wenn das Haus zu 40% des Wertes beliehen wird?

Anmerkung: Die Hypothek ist ein Darlehen, für welches ein Haus oder Grundstück als Pfand gegeben wird. Sie wird im Grundbuch beim Amtsgericht eingetragen.

11. Auf einem Wohnhaus lasten eine I. Hypothek von 12000 M zu 8% und eine II. Hypothek von 6500 M zu 10%. Wieviel Zinsen sind vierteljährlich zu zahlen?

12. Ein Haus, bestehend aus Erdgeschoß und 1. Stock bringt jährlich 1080 M Miete ein. a) Welchen Wert hat das Haus, wenn mit 6% Verzinsung gerechnet wird? b) Wie teuer sind die Wohnungen vermietet, wenn der 1. Stock 10 M mehr kostet als das Erdgeschoß?

13. Ein Werkmeister zahlt für seine Wohnung monatlich 55 M Miete. Er will ein Haus kaufen, dabei aber nicht mehr Geld verwohnen. Wie teuer darf das Haus sein, wenn er noch eine Wohnung für 45 M monatlich vermieten kann und mit 6% Verzinsung rechnet?

2. Sparkasse.

Merke: 1. Nur volle Mark werden verzinst! 2. Tägliche Verzinsung! 3. Der Monat wird zu 30 Tagen gerechnet! 4. Tag der Ein- und Auszahlung bleiben außer Betracht! 5. Bruchteile von Pfennigen bei den Zinsen werden gestrichen!

1. Wieviel Zinsen schreibt die städtische Sparkasse am Ende des Geschäftsjahres (1. April) zum Kapital? (Zinsfuß 12%.) a) 200 M, eingezahlt am 25. Juni; b) 50 M, eingezahlt am 12. August; c) 30 M, eingezahlt am 2. September; d) 75 M, eingezahlt am 5. Oktober; e) 125 M, eingezahlt am 4. Dezember.

2. Ein Monteur zahlt bei der städtischen Sparkasse ein: am 20. April 25 *M* und am 5. Oktober 75 *M*. Wie groß ist sein Guthaben mit Zinsen am Ende des Geschäftsjahres (1. April)? (Zinsfuß 12%.)

3. Am 1. April betrug das Guthaben eines Sparers bei der städtischen Sparkasse 230 *M*. Im Laufe des Jahres zahlte er ein: am 10. Juli 70 *M* und am 16. Oktober 30 *M*. Wie groß ist das Guthaben mit Zinsen am 1. April des folgenden Jahres? (Zinsfuß 12%.)

4. Am 1. April betrug das Guthaben eines Drehers bei der städtischen Sparkasse 165 *M*. Am 22. Oktober wurden 25 *M* abgehoben. Berechne das Guthaben mit Zinsen am 1. April des nächsten Jahres! (Zinsfuß 12%.)

5. Am 1. April betrug das Guthaben eines Werkmeisters bei der städtischen Sparkasse 250 *M*. Am 3. Juli wurden 50 *M* abgehoben, am 2. Oktober wurden 100 *M* eingezahlt. Wie groß ist das Guthaben mit Zinsen am 1. April des nächsten Jahres? (Zinsfuß 12%.)

3. Zinseszinsen.

Anmerkung: Die am 1. April bei der städtischen Sparkasse nicht abgehobenen Zinsen werden zu dem Kapital geschrieben und vom Beginn des neuen Rechnungsjahres ab mit verzinst. In diesem Falle spricht man von Zinseszinsen. (Die Zinsen von den Zinsen.)

1. Berechne, wie hoch mit Zinsen und Zinseszinsen anwachsen: 100 *M* zu 12% in 3 Jahren! 300 *M* zu 12% in 4 Jahren!

   Anmerkung: In der Regel werden die Zinseszinsen nach Tabellen berechnet!

2. Jemand legt 250 *M* in die städtische Sparkasse. a) Bestimme das Guthaben mit Zinsen nach 5 Jahren! b) Wieviel Zinsen erhält er, wenn er dieselben jedes Jahr abhebt? (Zinsfuß 12%.)

3. Ein Vater legte für seinen Sohn, als er 10 Jahre alt wurde, 150 *M* in die städtische Sparkasse und ließ das Geld bis zum vollendeten 15. Lebensjahre sperren. Wie groß ist dann der Betrag? (Zinsfuß 12%.)

4. Diskontrechnung.

Wechsel werden vielfach bei der Bank verkauft. Die Bank zieht die Zinsen bis zum Verfalltage ab. Dieser Abzug heißt Diskont. Der Monat wird zu 30 Tagen gerechnet. Der Tag des Ankaufs wird nicht mitgezählt. Für ihre Bemühung berechnet die Bank eine Gebühr, Provision genannt. Dieselbe wird vom Nennwert berechnet. Diskont und Provision werden auf volle 5 ₰ aufgerundet.

1. Bestimme die Tage:

Diskontiert am:	Fällig am:	Diskontiert am:	Fällig am:
24. März	15. Juni	18. August	26. Oktober
1. "	1. "	2. März	20. Mai
15. September	15. Oktober	1. April	25. Oktober
10. Januar	5. März	6. Mai	22. Juni
25. Februar	29. Juli	7. April	25. "

Merke dabei: Resttage des 1. Monats + volle Monate + Tage des letzten Monats; z. B. 6 + 60 + 15.

2. Berechne den Diskont von:

200 ℳ zu 18 % in 26 Tagen,	415 ℳ zu 18 % in 42 Tagen
350 „ „ „ „ 48 „	526 „ „ „ „ 89 „
1500 „ „ „ „ 52 „	748 „ „ „ „ 22 „

3. Berechne den Verkaufspreis folgender Wechsel:

Wechselsumme:	Fällig am:	Diskontiert:	Diskont:	Provision:
300 ℳ	1. Juni	5. April	18 %	$\frac{1}{2}$ %
350 „	20. Mai	8. März	„	„
480 „	25. Oktober	12. August	„	„
520 „	20. Juni	3. Mai	„	„
575 „	5. Dezember	26. September	„	„

Lohnberechnungen.

Der Lohn wird entweder nach einem festen Stundenlohnsatz oder nach einem Akkordsatz bezahlt, der vor Beginn einer Arbeit vereinbart wird.

1. Stundenlohn.

Bei den Lohnberechnungen wird der Monat zu 25 und das Jahr zu 300 Arbeitstagen angenommen. Bruchteile von Pfennigen, die $\frac{1}{2}$ ₰ und mehr betragen, werden nach oben aufgerundet, solche unter $\frac{1}{2}$ ₰ werden nicht berücksichtigt.

*1. Berechne den Tagesverdienst eines Lehrlings! Stundenlöhne: 0,05, 0,07, 0,10, 0,15, 0,20, 0,30 ℳ. Arbeitszeiten: 10, 8, 8$\frac{1}{2}$ Std. Übe zuerst mit 10 Std., dann mit 8 und 8$\frac{1}{2}$ Std.!

*2. Berechne den Verdienst eines Lehrlings für die Woche! Stundenlöhne: 0,05, 0,10, 0,15, 0,20, 0,25 ℳ. Arbeitszeiten: 10, 8, 8$\frac{1}{2}$ Std.

*3. Berechne den Verdienst eines Lehrlings für 14tägige Lohnzeit! (12 Arbeitstage.) Stundenlöhne: 0,04, 0,08, 0,12, 0,18 ℳ. Arbeitszeit: 8, 8$\frac{1}{2}$, 9$\frac{1}{2}$ Std.

*4. Berechne den Verdienst eines Lehrlings für den Monat! Stundenlöhne: 0,06, 0,07, 0,12, 0,25 ℳ. Arbeitszeiten: 8, 10, 8$\frac{1}{2}$ Std.

5. Berechne den Verdienst eines Lehrlings für das Jahr! Stundenlöhne: 0,10, 0,15, 0,18, 0,20 ℳ. Arbeitszeiten: 8, 10, 9 Std.

6. Ein Schlosserlehrling erhält im 1. Jahr 0,10 ℳ, im 2. Jahr 0,15 ℳ, im 3. Jahr 0,20 ℳ und im 4. Jahr 0,25 ℳ Stundenlohn. Außerdem erhält er nach beendigter Lehrzeit eine Prämie von 2 ₰ für jede geleistete Arbeitsstunde. (Die Arbeitszeit beträgt 8 Std.) Er hat gefehlt im 1. Jahr 8 Tage, im 2. Jahr 22 Tage, im 3. Jahr 15 Tage, im 4. Jahre 7 Tage. a) Wieviel hat der Lehrling jedes Jahr verdient? b) Wieviel beträgt der Verdienst während der ganzen Lehrzeit? c) Wie hoch ist die Prämie?

7. Ein Schlosserlehrling erhält im 1. Jahr 0,08 ℳ, im 2. Jahr 0,12 ℳ, im 3. Jahr 0,15 ℳ und im 4. Jahr 0,18 ℳ Stundenlohn. Außerdem erhält er nach beendigter Lehrzeit eine Prämie, die im 1. und 2. Jahr 2 ₰ und im 3. und 4. Jahr 4 ₰ für jede geleistete Arbeitsstunde beträgt. (Die Arbeitszeit beträgt 8 Std.) Er hat gefehlt im 1. Jahr 12 Tage, im 2. Jahr 4 Tage, im 3. Jahr 8 Tage, im 4. Jahr 16 Tage. a) Wieviel hat der Lehrling

jedes Jahr verdient? b) Wieviel hat er während der ganzen Lehrzeit verdient? c) Wie hoch ist die Prämie?

*8. Berechne den Tagesverdienst eines Schlossers! Stundenlöhne: 0,50, 0,55, 0,66, 0,68, 0,70 *M*. Arbeitszeiten: 8, 10, 9 Std.

9. Berechne den Verdienst eines Schlossers für die Woche! Stundenlöhne: 0,54, 0,56, 0,62, 0,68, 0,70 *M*. Arbeitszeiten: 10, 8, $9\frac{1}{2}$ Std.

10. Berechne den Verdienst eines Schlossers für 14tägige Lohnzeit! Stundenlöhne: 0,55, 0,57, 0,66, 0,70, 0,72 *M*. Arbeitszeiten: 8, 10, $9\frac{1}{2}$ Std.

11. Berechne den Verdienst eines Schlossers für den Monat! Stundenlöhne: 0,50, 0,55, 0,66, 0,70 *M*. Arbeitszeiten: 10, 8, 9 Std.

12. Berechne den Verdienst eines Schlossers für das Jahr! Stundenlöhne: 0,55, 0,65, 0,70, 0,72 *M*. Arbeitszeiten: 10, 8, 9 Std.

13. Erhöhe die folgenden Stundenlöhne um 10, 25, 50%! 0,50, 0,60, 0,65, 0,70, 0,72 *M*.

14. Um wieviel erhöht sich der Tagesverdienst von 5, 6, 6,50 *M* bei einer Lohnerhöhung von 10, 15, 25%?

15. Um wieviel erhöht sich der Wochenverdienst von 36, 38 *M* bei einer Lohnerhöhung von 10, 8, 12%?

16. Wieviel beträgt die Mehreinnahme bei 14tägiger Lohnzeit, wenn der Tagesverdienst von 5, 5,50, 6, 6,50, 7, 7,50 *M* um 8, 12, 15% erhöht wird?

17. Die Stücklöhne von 2, 3, 3,50, 4,20, 5,70, 12,50 *M* werden vermindert um 10, 15, 8%. Wieviel erhält der Arbeiter?

In einer Maschinenfabrik werden für Überstunden bis 2 Std. über die gewöhnliche Arbeitszeit 25%, über 2 Std. 50% Zuschlag und für Nacht- und Sonntagsarbeit, sowie Arbeiten an gesetzlichen Feiertagen 100% Zuschlag vom Stundenlohn vergütet.

18. Berechne die Überstunde mit 100%, 50%, 25% Zuschlag bei folgenden Stundenlöhnen: 0,50, 0,60, 0,65, 0,70, 0,72 *M*.

19. Berechne den Lohn eines Schlossers für 14tägige Lohnzeit! (12 Arbeitstage.) Stundenlohn: 0,70 *M*. Arbeitszeit: 8 Stunden. Überstunden: an 6 Tagen je 2 Std.

20. Berechne den Lohn eines Schlossers für 14tägige Lohnzeit! Stundenlohn: 0,60 *M*. Arbeitszeit: 8 Std. Überstunden: an 8 Tagen je $1\frac{1}{2}$ Std., am Sonntag 4 Std.

21. Berechne den Lohn der beiden Schlosser A. und B. für 14tägige Lohnzeit! Stundenlohn: A. = 0,60 *M*, B. = 0,70 *M*. Arbeitszeit: 8 Std. Überstunden: an 4 Tagen je 2 Std., an 6 Tagen je 4 Std., an 2 Sonntagen je 4 Std.

Monteure erhalten in der Regel bei auswärtigen Arbeiten für jeden Tag (auch Sonntag) eine Montagezulage für Wohnung und Beköstigung am Montageort. Sie beträgt je nach den örtlichen Verhältnissen 3—4 *M* pro Tag.

22. Berechne Lohn und Montagezulage für einen Monteur! Stundenlohn: 0,70 *M*. Arbeitszeit: 8 Stunden. Dauer der Montage: 9 Tage (1 Sonntag). Montagezulage 3,50 *M*. (Für Sonntag Zulage, aber keinen Lohn.)

23. Berechne Lohn und Montagezulage für einen Monteur! Stundenlohn: 0,65 *M*. Arbeitszeit: 8 Std. Dauer der Montage: 16 Tage (2 Sonntage). Montagezulage 4 *M*.

24. Berechne Lohn und Montagezulage für Monteur A. und Hilfsmonteur B. Stundenlohn: A. = 0,65 *M*, B. = 0,55 *M*. Arbeitszeit: 8 Std. Dauer der Montage: 11 Tage (1 Sonntag). Überstunden: an 4 Tagen je 2 Std. (25% Zuschlag). Montagezulage 3,80 *M*.

2. Einzelakkorde.

Bei Akkordarbeiten wird dem Arbeiter der ordnungsmäßig ausgefüllte Akkordschein vor Beginn der Arbeit ausgehändigt. Nach Vollendung der Arbeit ist der Schein, vorschriftsmäßig mit der verwendeten Arbeitszeit ausgefüllt, an den Meister zurückzugeben.

1. Ein Maschinenschlosser mit 0.52 ℳ Stundenlohn hat das Zusammenpassen eines Vorgeleges zum Akkordsatz von 24.50 ℳ übernommen. Die Arbeit hat er in 38 Std. vollendet. a) Wieviel hätte der Schlosser bei Stundenlohn verdient? b) Wieviel hat er bei der Akkordarbeit mehr verdient, insgesamt und in der Stunde?

2. Ein Maschinenschlosser mit 0,62 ℳ Stundenlohn erhält für das Zusammenbauen einer Pumpe 48 ℳ. Er hat die Arbeit bei 8stündiger Arbeitszeit in $8\frac{1}{2}$ Tagen vollendet. a) Wieviel hätte er verdient, wenn er im Stundenlohn gearbeitet hätte? b) Wieviel hat er bei dem Akkord in der Stunde verdient?

3. Ein Dreher mit 0,42 ℳ Stundenlohn hat 25 Bolzen im Akkord abzudrehen. Für das Stück erhält er 0,75 ℳ. Er arbeitet 36 Std. daran. a) Wieviel hat der Dreher verdient? b) Wieviel hätte er bei Stundenlohn verdient? c) Wieviel hat er bei der Akkordarbeit mehr verdient?

4. Ein Modellschreiner mit 0,70 ℳ Stundenlohn hat für einen Laufkran folgende Einzelteile im Akkord auszuführen:

1 Laufrad ohne Zahnkranz	zum	Akkordsatz	von	12.60	ℳ
1 „ mit „	„	„	„	18.25	„
1 Handkettenrad	„	„	„	16.80	„
1 Augenlager	„	„	„	2.75	„

Er hat die Arbeit in 64 Std. vollendet. Wieviel hat er in der Stunde verdient?

5. Ein Former mit 0,72 ℳ Stundenlohn erhält für Formen und Gießen eines Zahnrades 15,50 ℳ. Er will in der Stunde wenigstens 0,80 ℳ verdienen. Wieviel Stunden darf er auf die Arbeit verwenden?

6. Ein Dreher mit 0,60 ℳ Stundenlohn hat eine Welle im Akkord zu 32,50 ℳ abzudrehen. In welcher Zeit muß die Arbeit fertig sein, wenn er bei der Akkordarbeit 25 % mehr verdienen möchte als im Stundenlohn?

7. Ein Former mit 0,63 ℳ Stundenlohn übernimmt das Einformen von 24 Seilrollen, das Stück zu 0,35 ℳ. In wieviel Stunden muß er die Arbeit ausgeführt haben, wenn er bei der Akkordarbeit $\frac{1}{3}$ mehr verdienen will als im Stundenlohn?

8. Ein Dreher mit 0,58 ℳ Stundenlohn hat 22 Ventilgehäuse im Akkord zu bearbeiten. Der Akkordsatz beträgt 2,40 ℳ für das Stück. Er hat die Arbeit bei 8stündiger Arbeitszeit in 10 Tagen vollendet. Die übrige Zeit (2 Tage) der 14tägigen Lohnzeit ist er im Stundenlohn mit Reparaturen beschäftigt. a) Wie hoch ist der ganze Lohn in 14 Tagen? b) Wieviel erhält der Dreher bei der Restlöhnung, wenn er bei der Abschlagslöhnung bereits 35 ℳ erhalten hat? c) Wieviel hat er bei der Akkordarbeit mehr verdient als im Stundenlohn?

3. Gruppenakkorde.

a) Gleicher Lohn und gleiche Stundenzahl.

1. Maschinenschlosser A. und B. mit je 0,52 ℳ Stundenlohn übernehmen die Aufstellung einer Maschine zum Akkordsatz von 145 ℳ. Die Arbeit wird bei 8stündiger Arbeitszeit in 13 Tagen vollendet. a) Wieviel hat jeder bei der Akkordarbeit verdient? b) Wieviel hätte jeder im Stundenlohn verdient? c) Wieviel hat jeder beim Akkord mehr verdient?

b) Gleicher Lohn und verschiedene Stundenzahl.

2. Dreher A. und B. haben gemeinsam die Dreherarbeiten von 45 Ventilen zum Akkordsatz von 4,60 ℳ für das Stück übernommen. Beide haben 0,62 ℳ Stundenlohn. A. arbeitet daran 18 Tage je 8 Std., B. 10 Tage je 8 Std. a) Wieviel erhält jeder? b) Wieviel hat jeder mehr verdient als im Stundenlohn?
3. Former A. und B. mit einem Stundenlohn von je 0,68 ℳ leisten folgende Wochenarbeit:

1.	28 Ankerplatten	zum Akkordsatz von 0,35 ℳ	für das Stück
2.	8 Wandlagerböcke	„ „ „ 3,80 „	„ „ „
3.	12 Riemenscheiben	„ „ „ 2,60 „	„ „ „
4.	24 Augenlager	„ „ „ 0,25 „	„ „ „

A. arbeitet 53 Std. im Akkord, außerdem 7 Std. im Stundenlohn, B. arbeitet 46 Std. im Akkord und 9 Std. im Stundenlohn. (5 Std. hat er gefehlt.) Wieviel hat jeder verdient?

c) Verschiedener Lohn und gleiche Stundenzahl.

4. Schmied A. hat mit dem Zuschläger B. 24 Ringe aus Winkeleisen zu biegen. Der Akkordsatz beträgt 1,90 ℳ für das Stück. A. hat 0,70 ℳ, B. hat 0,50 ℳ Stundenlohn. Beide haben die Arbeit in 30 Std. ausgeführt. a) Wieviel hätte jeder im Stundenlohn verdient? b) Wieviel beträgt der Akkordüberschuß? c) Wieviel erhält jeder davon?

Anmerkung: Die Verteilung des Akkordüberschusses erfolgt nach dem Verhältnis des Stundenlohnes.

5. Dreher A. und B. haben im Akkord 250 Bolzen abzudrehen und mit Gewinde zu versehen. Sie erhalten 0,35 ℳ für das Stück. A. hat 0,65 ℳ, B. hat 0,58 ℳ Stundenlohn. Beide haben die Arbeit in 60 Std. vollendet. a) Wieviel hätte jeder im Stundenlohn verdient? b) Wieviel beträgt der Akkordüberschuß? c) Wieviel erhält jeder davon? d) Wieviel hat jeder bei der Arbeit verdient?
6. Maschinenschlosser A. mit 0,65 ℳ Stundenlohn hat das Zusammenbauen einer Maschine zum Akkordsatz von 185 ℳ übernommen. Dabei helfen Schlosser B. mit 0,60 ℳ und C. mit 0,50 ℳ Stundenlohn. Die Arbeit wird bei 8stündiger Arbeitszeit in 10 Tagen ausgeführt. a) Wieviel hätte jeder im Stundenlohn verdient? b) Wieviel beträgt der Akkordüberschuß? c) Wieviel erhält jeder davon? d) Wieviel hat jeder bei der Arbeit verdient?

d) Verschiedener Lohn und verschiedene Stundenzahl.

7. Dreher A. mit 0,68 ℳ Stundenlohn hat 36 Ventilspindeln zum Akkordsatz von 1,65 ℳ für das Stück auszuführen. Dreher B. mit 0,58 ℳ Stundenlohn hilft Dreher A. A. arbeitet daran 40 Std., B. 30 Std. a) Wieviel hätte jeder im Stundenlohn verdient? b) Wieviel beträgt der Akkordüberschuß? c) Wieviel erhält jeder davon? d) Wieviel hat jeder bei der Arbeit verdient?

Anmerkung: Die Verteilung des Akkordüberschusses erfolgt im Verhältnis der Gesamtstundenlöhne (Gesamtzeit × Stundenlohn).

8. Die Maschinenschlosser A. und B. haben 12 Transportwagen für eine Hängebahn in Akkord übernommen. Für das Stück erhalten sie 12,50 ℳ. A. hat 0,55 ℳ Stundenlohn und arbeitet 118 Std. daran, B. hat 0,48 ℳ Stundenlohn und arbeitet 106 Std. daran. Bei der Abschlagslöhnung hat A. = 33,00 ℳ und B. = 28,80 ℳ erhalten. a) Wieviel hätte jeder im Stundenlohn verdient? b) Wieviel beträgt der Akkordüberschuß? c) Wieviel erhält jeder davon? d) Wieviel hat jeder bei dem Akkord verdient? e) Wieviel erhält jeder bei der Restlöhnung ausbezahlt?

9. Maschinenschlosser A. mit 0,65 ℳ Stundenlohn hat eine Transmissionsanlage zum Akkordsatz von 68 ℳ übernommen. Als Helfer bekommt er Schlosser B. mit 0,48 ℳ Stundenlohn und Lehrling C. mit 0,12 ℳ Stundenlohn. A. arbeitet daran 40 Std., B. 30 Std. und C. 45 Std. a) Wieviel beträgt der Akkordüberschuß? b) Wieviel hat jeder bei dem Akkord verdient? (Lehrling C. erhält nur Stundenlohn.)

10. Vorarbeiter A. mit 0,70 ℳ Stundenlohn hat einen Laufkran zum Akkordsatz von 125 ℳ übernommen. Als Helfer bekommt er: Schlosser B. mit 0,56 ℳ Stundenlohn, Schlosser C. mit 0,44 ℳ Stundenlohn, Lehrling D. mit 0,16 ℳ Stundenlohn. A. hat 42 Std., B. = 68 Std., C. = 52 und D. = 68 Std. daran gearbeitet. a) Wieviel beträgt der Akkordüberschuß? b) Wieviel hat jeder bei der Arbeit verdient? (Lehrling D. erhält nur Stundenlohn.)

Reichsversicherungen.

1. Krankenversicherung.

Versicherungspflicht. Der Versicherung unterliegen Lehrlinge, Gesellen, Gehilfen, Arbeiter, Angestellte und Betriebsbeamte, Hausangestellte usw., deren Jahresarbeitsverdienst 2400 Goldmark nicht überschreitet.

Bei der Durchnahme sind die Satzungen der Krankenkasse zu benutzen, der die Schüler in der Mehrzahl angehören. Zur Berechnung der Beiträge hat die „Allgemeine Ortskrankenkasse" in X nach dem Grundlohn 12 Klassen gebildet.

Stufe	Tagesverdienst über (R.-M.)	Tagesverdienst bis (R.-M.)	Grundlohn (R.-M.)	Wochenbeitrag einschl. Beitrag zur Erwerbslosenfürsorge des Arbeitgebers (R.-M.)	Wochenbeitrag einschl. Beitrag zur Erwerbslosenfürsorge des Versicherten (R.-M.)	Regelleistung Krankengeld (R.-M.)	Regelleistung Sterbegeld (R.-M.)
1		0,60	0,60	0,16	0,25	0,30	50,—
2	0,60	1,20	0,90	0,24	0,37	0,45	50,—
3	1,20	2,—	1,60	0,42	0,66	0,80	50,—
4	2,—	3,—	2,50	0,65	1,03	1,25	50,—
5	3,—	4,—	3,50	0,91	1,45	1,75	70,—
6	4,—	5,—	4,50	1,17	1,86	2,25	90,—
7	5,—	6,—	5,50	1,43	2,27	2,75	110,—
8	6,—	7,—	6,50	1,68	2,69	3,25	130,—
9	7,—	8,—	7,50	1,94	3,10	3,75	150,—
10	8,—	9,—	8,50	2,21	3,51	4,25	170,—
11	9,—	10,—	9,50	2,46	3,93	4,75	1[illegible]0,—
12	10,—	u. mehr	10,50	2,72	4,34	5,25	210,—

Die Krankenkassenbeiträge betragen 6,6 % vom Grundlohn; $\frac{1}{3}$ zahlt der Arbeitgeber, $\frac{2}{3}$ der Versicherte. Außerdem werden 3 % des Grundlohnes als Beitrag zur Erwerbslosenfürsorge erhoben. Hiervon zahlt der Arbeitgeber $1\frac{1}{2}$ % und der Versicherte $1\frac{1}{2}$ %. Insgesamt werden also 9,6 % des Grundlohnes als Beiträge erhoben.

Bei der Krankenversicherung unterscheidet man:

Regelleistung und Mehrleistung. 1. Anspruch auf Regelleistung hat der Versicherte mit dem Tage der Mitgliedschaft. Als Krankenhilfe wird bei Regelleistung bis zum Ablauf der 26. Woche gewährt: a) Ärztliche Behandlung, Versorgung mit Arznei, Brillen u. dgl. bis zum dreifachen Betrage des höchsten Grundlohnes. b) Krankengeld vom 4. Krankheitstage an, für jeden Arbeitstag, an dem der Versicherte arbeitsunfähig ist. Es beträgt 50 % des Grundlohnes. c) Hausgeld für Familienangehörige bei Krankenhauspflege des Versicherten. Es beträgt 50 % des Krankengeldes. d) Sterbegeld. Es wird der 20fache Betrag vom Grundlohn, jedoch mindestens 50 ℳ, gezahlt.

2. Nach einer Wartezeit von 6 Wochen entsteht Anspruch auf Mehrleistung. Die Krankenkasse gewährt dann: a) Ärztliche Behandlung Versorgung mit Arznei, Brillen u. dgl. bis zum dreifachen Betrage des höchsten Grundlohnes. Für größere Heilmittel kann ein Zuschuß in gleicher Höhe gewährt werden. b) Krankengeld vom 4. Krankheitstage an für jeden Kalendertag. Es beträgt für unverheiratete Versicherte 65 % des Grundlohnes; für Versicherte, die Ehefrau oder Kinder zu unterhalten haben, 75 % des Grundlohnes. c) Hausgeld für Familienangehörige bei Krankenhauspflege des Versicherten. Es beträgt für Versicherte mit 1 Angehörigen 75 %; für Versicherte mit 2 oder mehr Angehörigen 100 % des Krankengeldes der Regelleistung. d) Taschengeld für unverheiratete Mitglieder bei Krankengauspflege. Es beträgt $\frac{1}{10}$ des Grundlohnes. e) Sterbegeld. Es wird der 40fache Betrag des Grundlohnes gewährt. (Mindestbetrag 50 ℳ.)

1. Bestimme die Stufen der Lehrlinge und Arbeiter mit einem Tagesverdienst von 0,60, 0,90, 1,30, 3,50, 4,00, 6,25, 6,80, 7,50, 8,00 *M*.

*2. Berechne den wöchentlichen Beitrag zur Ortskrankenkasse. Grundlohn: 0,60, 0,90, 1,60, 2,50, 3,50, 4,50, 5,50, 6,50, 7,50, 8,50 *M*. Beitrag (einschl. Beitrag zur Erwerbslosenfürsorge): 9,6% vom Grundlohn.

*3. Bestimme das Krankengeld! (50% vom Grundlohn.)

*4. Berechne das Sterbegeld! (20fache vom Grundlohn.)

5. Ein Schlosser hat einen Tagesverdienst von: 5,20 *M*. Bestimme die Wochenbeiträge: 1. des Meisters; 2. des Schlossers.

6. Ein Schlosser erhält wöchentlich 35 *M*. Bestimme Stufe und Wochenbeitrag. (Tagesverdienst = 35 : 7 = 5 *M*.)

7. Ein Schlosser mit 6,20 *M* Tagesverdienst wird krank und ist 9 Arbeitstage arbeitsunfähig. a) Bestimme die Stufe! b) Wieviel Krankengeld erhält er? (Regelleistung.)

8. Ein verheirateter Schlosser mit 42 *M* Wochenlohn wird krank, liegt 5 Tage zu Hause und 15 Tage im Krankenhaus. a) Bestimme die Stufe! b) Wieviel Krankengeld hat er bekommen? c) Wieviel Hausgeld hat die Kasse gezahlt? (Mehrleistung mit 65%.)

9. Ein Lehrling mit 0,75 *M* Tagesverdienst wird krank, liegt 12 Tage zu Hause und 18 Tage im Krankenhaus. a) Bestimme die Stufe! b) Wieviel Krankengeld bekommt er? (Mehrleistung mit 65%.) c) Wieviel Taschengeld? d) Wieviel zusammen?

10. Ein unverheirateter Schlosser mit 6,80 *M* Tagesverdienst wird krank, kommt in das Krankenhaus und wird daraus nach 16 Tagen entlassen. Wieviel Taschengeld erhält er?

11. Ein verheirateter Schlosser mit 5,75 *M* Tagesverdienst wird krank und stirbt nach 18 Wochen. a) Bestimme die Stufe. b) Wieviel Krankengeld hat er erhalten? (Mehrleistung mit 75%.) c) Wieviel Sterbegeld zahlt die Kasse? d) Was hat die Kasse geleistet (insgesamt)?

12. Ein verheirateter Schlosser mit 5,80 *M* Tagesverdienst wird krank, liegt 14 Tage zu Hause und stirbt 42 Tage nach der Einlieferung ins Krankenhaus. a) Bestimme die Stufe! b) Wieviel Krankengeld? (Mehrleistung mit 75%.) c) Wieviel Hausgeld? d) Wieviel Sterbegeld? e) Wieviel zusammen? (Daneben Krankenhaus, Arzt und Arznei frei.)

2. Unfallversicherung.

Versicherungspflicht. Der Versicherung unterliegen Arbeiter, Gehilfen, Lehrlinge und Betriebsbeamte ohne Rücksicht auf die Höhe ihres Jahresverdienstes.

Die Beiträge für die Versicherung werden von den Betriebsunternehmern allein aufgebracht.

Leistungen der Versicherung: Bei Verletzungen gewährt die Versicherung: a) Krankenhilfe und Krankengeld von der 14. Woche ab. (Für die ersten 13 Wochen tritt die Krankenkasse ein. Das Krankengeld wird von der 5.—13. Woche durch die Unfallversicherung auf $\frac{2}{3}$ des Grundlohnes erhöht.) b) Renten und zwar Vollrenten, Teilrenten und Hilfslosenrenten. Die Vollrente wird bei völliger Erwerbsunfähigkeit gewährt. Sie beträgt $\frac{2}{3}$ des Jahresarbeitsverdienstes. Der Jahresarbeitsverdienst ist der 300fache Betrag des durchschnittlichen täglichen Arbeitsverdienstes im letzten Jahre vor dem Unfall. Er wird bis 1800 Goldmark voll angerechnet; der 1800 Goldmark übersteigende Betrag kommt nur mit $\frac{1}{3}$ zur Anrechnung. Sofern der Verletzte kein volles Jahr vor dem Unfall in dem Betriebe beschäftigt war, wird für die fehlende Zeit der Verdienst gleichartiger Arbeiter eingesetzt.

Beispiel: Ein Schlosser hat im letzten Jahre vor dem Unfall nach dem Lohnbuch an 306 Tagen 1989 Goldmark verdient. Der durchschnittliche Tagesverdienst beträgt: $1989 : 306 = 6{,}50$ Goldmark; mithin der Jahresarbeitsverdienst $300 \cdot 6{,}50 = 1950$ Goldmark. Zur Anrechnung kommen: $1800 + \frac{150}{3} = 1850$ Goldmark.

Die Teilrente ist ein Teil der Vollrente. Sie wird bei teilweiser Erwerbsunfähigkeit gewährt. Die Hilflosenrente wird dann gewährt, wenn der Verletzte so hilflos geworden ist, daß er ohne fremde Pflege und Wartung nicht mehr bestehen kann. Sie kann bis zum Betrage des vollen Jahresarbeitsverdienstes gesteigert werden.

Anmerkung: Um eine Aufwertung für den während der Inflationszeit in Papiermark erfolgten Verdienst zu schaffen, wird nach den z. Zt. gültigen Bestimmungen als Jahresarbeitsverdienst eine bestimmte, niedrigste Summe angesetzt, und zwar: a) wenn die Rente unter 50 % beträgt, 450 Goldmark, b) wenn die Rente 50 % und mehr beträgt, 1152 Goldmark. Bei Jugendlichen unter 16 Jahren kommen nur 60 %, bei solchen von 16—21 Jahren 80 % vorstehender Jahresarbeitsverdienste in Anrechnung.

Beispiel: Ein Arbeiter ist mit 60 % erwerbsunfähig anerkannt worden. Sein Jahresarbeitsverdienst beträgt 840 Goldmark. Teilrente: 60 % von $\frac{2}{3} \cdot 840 = 336$ Goldmark. Es wird jedoch in diesem Falle folgende Teilrente gewährt: 60 % von $\frac{2}{3} \cdot 1152 = 460{,}80$ Goldmark.

Bei Tode gewährt die Versicherung: a) Sterbegeld. Es beträgt $\frac{1}{15}$ des Jahresarbeitsverdienstes, mindestens jedoch 50 Goldmark. b) Hinterbliebenenrente. Sie beträgt je $\frac{1}{5}$ des Jahresarbeitsverdienstes für die Witwe und für jedes Kind bis zum vollendeten 15. Lebensjahre; desgleichen $\frac{1}{5}$ für die Eltern, Großeltern oder Enkel, wenn der Getötete ihr Ernährer war. Die Renten für die Hinterbliebenen dürfen zusammen $\frac{3}{5}$ des Jahresarbeitsverdienstes nicht übersteigen. Bei Wiederverheiratung erhält die Witwe $\frac{3}{5}$ des Jahresarbeitsverdienstes als Abfindung.

Die Renten werden am 1. jeden Monats im voraus durch die Post ausgezahlt.

1. Der durchschnittliche Tagesverdienst sei: 3,00, 3,50, 4,50, 5,20, 6,50, 6,75, 7,00, 7,50, 7,60, 8,00 ℳ. Bestimme a) den Jahresarbeitsverdienst; b) den anrechnungsfähigen Jahresarbeitsverdienst.

2. Ein Schlosser verdiente nach dem Lohnbuch:

a) an 220 Tagen	b) an 180 Tagen	c) an 156 Tagen	d) an 86 Tagen
1450 ℳ;	1120 ℳ;	1080;	560 ℳ.

Bestimme in jedem Falle: a) den Jahresarbeitsverdienst, der für die Berechnung der Rente in Betracht kommt! Für die an 300 fehlenden Tage soll der Tagesverdienst eines gleichartigen Arbeiters mit 6,50 ℳ eingesetzt werden (Löse so: $1450\ ℳ + 80 \cdot 6{,}50 = 1970\ ℳ$.)

3. Der Jahresarbeitsverdienst beträgt: 1950, 2100, 2550, 2700, 2750, 2840, 2920, 3150 ℳ. Bestimme a) den anrechnungsfähigen Jahresarbeitsverdienst; b) die Vollrente für das Jahr; c) für den Monat.

4. Berechne die Teilrenten:

Art der Verletzung:	Entschädigung	Jahresarbeitsverdienst
Verlust zweier Glieder am Zeigefinger der rechten Hand	10 % der Vollrente	1860 ℳ
Verlust des Zeige- und Mittelfingers der linken Hand	25 „ „ „	1920 „
Verlust des linken Auges	$33\frac{1}{3}$ „ „ „	2550 „
Verlust der rechten Hand	60 „ „ „	2640 „

5. Ein Schlosser wurde bei einem Betriebsunfall vollständig erwerbsunfähig. Jahresarbeitsverdienst im letzten Jahr 1920 ℳ. Bestimme die monatliche Rente!

6. Ein Schlosser wird durch einen Unfall so schwer verletzt, daß er ohne fremde Hilfe nicht bestehen kann. Wieviel beträgt die monatliche Rente, wenn er durchschnittlich täglich 6,40 ℳ verdiente und die Rente bis zum vollen Jahresarbeitsverdienst gesteigert wird?

7. Der Jahresarbeitsverdienst beträgt: 1860, 2130, 2430 ℳ. Berechne a) den anrechnungsfähigen Jahresarbeitsverdienst; b) das Sterbegeld.

8. Ein Schlosser, der einen Jahresarbeitsverdienst von 1980 ℳ hatte, verlor durch die Berührung einer Starkstromleitung sein Leben. a) Bestimme den anrechnungsfähigen Jahresarbeitsverdienst; b) bestimme das Sterbegeld; c) bestimme die jährliche Rente für die Witwe; d) bestimme die Abfindungssumme bei Wiederverheiratung!

9. Ein Schlosser mit 2250 ℳ Jahresarbeitsverdienst verliert bei einem Betriebsunfall sein Leben. Er hinterläßt eine Witwe und 2 Kinder im Alter von 6 und 10 Jahren. a) Bestimme den anrechnungsfähigen Jahresarbeitsverdienst; b) bestimme das Sterbegeld; c) bestimme die Rente für die Witwe; d) bestimme die Rente für die Kinder!

10. Ein Schlosser, der durchschnittlich täglich 5,20 ℳ verdiente, wird bei einem Gerüsteinsturz tödlich verletzt. Er hinterläßt eine Witwe, 1 Kind von 4 Jahren und seine Mutter, die er ernährt hat. a) Bestimme den anrechnungsfähigen Jahresarbeitsverdienst; b) berechne das Sterbegeld; c) die Rente für die Hinterbliebenen für das Jahr und für den Monat!

3. Invaliden- und Hinterbliebenenversicherung.

Die Mittel zur Versicherung werden durch wöchentliche Beiträge der Versicherten und deren Arbeitgeber, sowie durch einen jährlichen Reichszuschuß aufgebracht. Für die Entrichtung der Beiträge sind nach dem Jahresverdienst fünf Lohnklassen gebildet. (Jahresverdienst: der 52fache Betrag des tatsächlichen wöchentlichen Arbeitsverdienstes.) Die Entrichtung der Beiträge erfolgt durch Einkleben von Marken in die Quittungskarte. Für jede Woche hat der Arbeitgeber eine Marke einzukleben. Die eine Hälfte des Beitrages zahlt der Arbeitgeber, die andere Hälfte der Arbeiter.

Leistungen der Versicherung: a) Invalidenrente, b) Hinterbliebenenbezüge.

Invalidenrente erhält der Versicherte, der das 65. Lebensjahr vollendet hat oder dauernd invalide ist. Die Invalidenrente setzt sich zusammen aus dem Grundbetrag, den Steigerungssätzen und dem Reichszuschuß. Der Grundbetrag beträgt für alle Lohnklassen 120 Goldmark. Die Steigerungssätze betragen 10 % der nach dem 1. Januar 1924 entrichteten Beiträge. Ist der Versicherte wegen Krankheit arbeitsunfähig, so brauchen keine Beiträge geleistet zu werden. Der Reichszuschuß beträgt jährlich 48 Goldmark.

Hat der Empfänger einer Invalidenrente Kinder unter 18 Jahren, so erhöht sich seine Rente für jedes Kind unter 18 Jahren um 36 Goldmark jährlich.

Hinterbliebenenbezüge. 1. Witwenrente erhält die dauernd invalide Witwe nach dem Tode ihres versicherten Mannes; und Witwerrente erhält der erwerbsunfähige Mann nach dem Tode der versicherten Ehefrau. Die Rente besteht aus $\frac{6}{10}$ des Grundbetrages und der Steigerungssätze der Invalidenrente, die der Ernährer zur Zeit des Todes bezog oder bei Invalidität bezogen hätte und aus dem Reichszuschuß von 48 Goldmark.

2. Waisenrente erhalten die Kinder unter 18 Jahren nach dem Tode ihres versicherten Vaters, oder nach dem Tode der versicherten Mutter, wenn die Kinder vaterlos sind. Die Rente besteht für jede Waise aus $\frac{5}{10}$ des Grundbetrages und der Steigerungssätze der Invalidenrente und aus dem Reichszuschuß von jährlich 24 Goldmark. Invaliden-, Witwen-, Witwer- und Waisenrente werden in Teilbeträgen monatlich im voraus durch die Post ausgezahlt. Alle auszuzahlenden Beträge werden auf volle 5 ₰ nach oben abgerundet.

Übergangsbestimmungen: Für Zeiten vor dem 1. Januar 1924 werden Steigerungsbeträge nicht angerechnet. Bei den Renten der Invalidenversicherung für die Zeit bis zum 31. Dezember 1923 sind die Steigerungssätze im Monatsbetrage von 2 Goldmark festzusetzen.

Anmerkung: Die folgenden Aufgaben sind so gestellt, daß sie auf das neue Gesetz zutreffen, so daß die Übergangsbestimmungen nicht zu berücksichtigen sind.

Zur Berechnung der Invalidenrente.

Lohnklassen	Jahresarbeitsverdienst	Wochenbeiträge	Invalidenrente Grundbetrag	Steigerungssätze	Reichszuschuß
1	bis zu 520 R.-M.	0,20 R.-M.	120 R.-M.	10 % der	48 R.-M.
2	mehr als 520 - 780 -	0,40 -	120 -	nach dem	48 -
3	- - 780 - 1040 -	0,60 -	120 -	1. 1. 24 ent-	48 -
4	- - 1040 - 1300 -	0,80 -	120 -	richteten Bei-	48 -
5	- - 1300 -	1,00 -	120 -	träge	48 -

a) Invalidenrente.

1. Der tatsächliche Wochenlohn beträgt: 12,00, 13,80, 14,20, 15,70, 18,90, 24,20, 30,50 *M.* Bestimme in jedem Falle: a) die Lohnklasse (52facher Betrag des tatsächlichen Wochenlohnes gibt Lohnklasse); b) den gesamten Wochenbeitrag; c) den Wochenbeitrag des Arbeiters!

*2. In einer Schlosserei befinden sich:

12 Arbeiter in Lohnklasse 1,			60 Arbeiter in Lohnklasse 4,		
18 - - - 2,			45 - - - 5.		
35 - - - 3,					

a) Wöchentlicher Gesamtbetrag an Invalidenmarken? b) Wöchentlicher Beitrag der Firma?

3. Der Tagelohn beträgt: 2,00, 3.50, 4,00, 4,50, 5,20, 5,50, 6,50 *M*. Berechne in jedem Falle: a) den Wochenlohn (6 Arbeitstage); b) die Abzüge für die Krankenkasse und Invalidenversicherung (vgl. Grundlöhne der Krankenkasse S. 22); c) den ausgezahlten Wochenlohn!

4. Wieviel hat ein Schlosser an Beiträgen geleistet, wenn er:

a)	150	Wochen in Lohnklasse	2,	220	Wochen in	3, und	362	Wochen in 4,
b)	62	" " "	3,	185	" "	4, "	294	" " 5,
c)	48	" " "	1,	205	" "	2, "	96	" " 5,

versichert war?

5. Berechne die jährliche und monatliche Invalidenrente, wenn nachgewiesen werden:

	a)	b)	c)
in Lohnkl. 5	120 Wochenbeitr.;	82 Wochenbeitr.;	— Wochenbeitr.
" " 4	215 "	264 "	128 "
" " 3	140 "	205 "	86 "
" " 2	95 "	— "	158 "
" " 1	— "	62 "	— "

6. Berechne die jährliche und monatliche Invalidenrente, wenn nachgewiesen werden:

	a)	b)	c)
in Lohnkl. 5	256 Wochenbeitr.;	— Wochenbeitr.;	— Wochenbeitr.
" " 4	280 "	262 "	346 "
" " 3	182 "	191 "	224 "
" " 2	56 "	78 "	52 "
" " 1	— "	115 "	218 "

7. Ein Schlosser wird invalide. Er hat 2 Kinder im Alter von 5 und 8 Jahren. Die Aufrechnung ergibt: 462 Wochenbeiträge in Lohnklasse 2, 225 Wochenbeiträge in Lohnklasse 3, 156 Wochenbeiträge in Lohnklasse 5. Berechne die monatliche Rente (einschließlich Kinderzusatzrente)!

8. Ein Schlosser wird invalide. Er hat 3 Kinder unter 15 Jahren. Die Aufrechnung ergibt:

396	Wochenbeiträge in Lohnklasse 5,	163	Wochenbeiträge in Lohnklasse 4,
285	" " " 2,	184	" " " 3.

Berechne die monatliche Rente (einschließlich Kinderzusatzrente)!

b) Hinterbliebenenbezüge.

1. Ein Schlosser stirbt und hinterläßt seine Frau, die invalide ist. An Beiträgen hat er geleistet:
125 Wochen in Lohnklasse 5; 263 Wochen in 4; 453 Wochen in 3 und 183 Wochen in 2. Bestimme die Witwenrente!

2. Ein Schlosser stirbt und hinterläßt seine Frau, die noch erwerbsfähig ist und 2 Kinder unter 15 Jahren. An Beiträgen hat er geleistet:

253 Wochen in Lohnklasse 5; 456 Wochen in 4 und 524 Wochen in 3. Bestimme die Waisenrente!

3. Die Frau eines Schlossers stirbt und hinterläßt ihren Mann, der invalide ist. Sie ist in einem Beruf tätig gewesen und hat an Beiträgen geleistet: 184 Wochen in Lohnklasse 4; 274 Wochen in 3; 386 Wochen in 2 und 482 Wochen in 1. Bestimme die Witwerrente!

4. Eine Witwe, die beruflich tätig war, stirbt und hinterläßt 3 Kinder unter 18 Jahren. An Beiträgen hat sie geleistet: 285 Wochen in Lohnklasse 4; 334 Wochen in 3; 542 Wochen in 2 und 174 Wochen in 1.

Bestimme: a) die Invalidenrente, die sie zur Zeit des Todes bei Invalidität bezogen hätte; b) die Waisenrente.

4. Angestelltenversicherung.

Versicherungspflicht. Versicherungspflichtig sind u. a. Betriebsbeamte, Werkmeister, sowie technische und kaufmännische Angestellte einschließlich der Bureaulehrlinge und Werkstattschreiber.

Wer mehr als 333,33 ℳ Monatsgehalt hat, ist nicht versicherungspflichtig. Die Mittel zur Versicherung werden durch Monatsbeiträge aufgebracht. Die eine Hälfte zahlt der Arbeitgeber, die andere Hälfte der Angestellte. Die Entrichtung der Beiträge erfolgt durch Einkleben von Marken in eine Versicherungskarte. Für die Höhe der Beiträge sind nach dem Jahresverdienst 5 Klassen gebildet.

Gehaltsklassen und Beiträge der Angestelltenversicherung.

Gehaltsklasse	Jährlicher Entgelt: von mehr als	bis zu	Monatlicher Entgelt: von mehr als	bis zu	Monatsbeitrag
A	— RM.	600 RM.	— RM.	50 RM.	1,50 RM.
B	600 „	1200 „	50 „	100 „	3,— „
C	1200 „	2400 „	100 „	200 „	6,— „
D	2400 „	3600 „	200 „	300 „	9,— „
E	3600 „	— „	300 „	— „	12,— „

Leistungen der Versicherung. Die Versicherung gewährt: 1. Ruhegeld, 2. Hinterbliebenenrenten und zwar: a) Witwenrente, b) Witwerrente, c) Waisenrente.

Ruhegeld erhält der Versicherte, wenn er das 65. Lebensjahr vollendet hat oder schon früher, wenn er berufsunfähig ist. Ruhegeld erhält auch derjenige Versicherte, welcher nicht dauernd berufsunfähig ist, aber während 26 Wochen ununterbrochen berufsunfähig war, für die weitere Dauer der Berufsunfähigkeit. Berufsunfähig ist derjenige, dessen Arbeitsfähigkeit auf weniger als die Hälfte herabgesunken ist.

Witwenrente erhält die Witwe nach dem Tode ihres versicherten Mannes und zwar — im Gegensatz zur Invalidenversicherung — auch, wenn sie nicht invalide ist.

Witwerrente erhält für die Dauer der Bedürftigkeit der erwerbsunfähige Witwer einer Versicherten, die den Lebensunterhalt der Familie aus ihrem Arbeitsverdienste ganz oder teilweise bestritten hat.

Waisenrente erhalten nach dem Tode des versicherten Vaters seine ehelichen Kinder unter 18 Jahren oder nach dem Tode einer Versicherten ihre vaterlosen Kinder unter 18 Jahren. Voraussetzung für die Gewährung der Leistungen ist, daß die Wartezeit erfüllt ist. Sie beträgt beim Ruhegeld für männliche Versicherte, wie auch bei den Hinterbliebenenrenten aus der Versicherung männlicher und weiblicher Angestellter 120 Beitragsmonate.

Das jährliche Ruhegeld besteht aus einem Grundbetrag von 360 Goldmark und aus Steigerungssätzen in Höhe von 10% der für die Zeit vom 1. Januar 1924 ab entrichteten Beiträge. Aus den für die Zeit bis 31. Dezember 1923 entrichteten

Beiträgen werden Steigerungssätze nicht gewährt. Diese Beträge sind durch den Grundbetrag abgegolten. Das Ruhegeld erhöht sich für jedes Kind unter 18 Jahren um 36 Goldmark jährlich. Die Witwenrente und die Witwerrente betragen $^{6}/_{10}$, die Waisenrenten für jede Waise $^{5}/_{10}$ der Ruhegelder ohne Kinderzuschuß.

1. Welche Beiträge hat der Angestellte nach der Tabelle in den Klassen A—E zu zahlen?
2. Das Monatseinkommen beträgt: 10, 20, 30, 50, 75, 110, 130, 175, 210, 240, 260, 280, 290, 300, 310 ℳ. Bestimme in jedem Fall: a) die Klasse; b) den Monatsbeitrag des Angestellten!
3. In einer Maschinenfabrik befinden sich:

4 Angestellte in Klasse A,	3 Angestellte in Klasse D,
6 „ „ „ B,	2 „ „ „ E.
5 „ „ „ C,	

Monatlicher Gesamtbeitrag? Monatlicher Beitrag der Maschinenfabrik?

4. Berechne a) das jährliche; b) das monatliche Ruhegeld der einzelnen Angestellten bei einer Beitragsleistung von:

a) 120 Beitragsmonaten in Kl. A;	d) 244 Beitragsmonaten in Kl. D;
b) 160 „ „ „ B;	e) 125 „ „ „ E.
c) 215 „ „ „ C;	

5. Berechne das monatliche Ruhegeld eines Versicherten, wenn er nachweisen kann: a) in Kl. A = 75 Beitragsmonate; b) in Kl. D = 42 Beitragsmonate; „ „ C = 86 „ „ „ E = 118 „
6. Ein Zeichner leistete 65 Monatsbeiträge in Klasse B, 96 in Klasse C. Berechne das monatliche Ruhegeld!
7. Das Ruhegeld beträgt jährlich 386,50, 670,60, 852,50 ℳ. Bestimme in jedem Fall: a) die Witwenrente bzw. Witwerrente; b) die Waisenrente für 3 Kinder im Alter von 8, 12 und 15 Jahren!
8. Ein Versicherter leistete 56 Monatsbeiträge in Klasse C, 85 in Klasse D, 62 in Klasse E. Berechne: a) die von ihm eingezahlten Beiträge; b) das Ruhegeld; c) Gesamtbetrag des Ruhegeldes, wenn er dasselbe 6 Jahre 4 Monate bezogen hat; d) die Witwenrente für die kinderlose Witwe!

Privatversicherungen.

1. Lebensversicherung.

Durch den Eintritt in eine Lebensversicherung ist jedem die Möglichkeit gegeben, nach seinem Tode den Hinterbliebenen ein Kapital zu sichern. Das Kapital kann auch schon zu Lebzeiten des Versicherten ausgezahlt werden. Der Versicherte hat an die Versicherung Beiträge (Prämien) zu leisten.

Die Höhe der Beiträge richtet sich: 1. nach der Versicherungssumme, 2. nach dem Alter des Eintretenden, 3. nach der Art des Abschlusses.

Der Abschluß kann in folgender Weise erfolgen: 1. Die Versicherungssumme wird nur beim Tode gezahlt (Tarif I, Sterbegeldversicherung), 2. die Versicherungssumme wird beim Tode des Versicherten, oder schon bei Lebzeiten nach einer bestimmten Reihe von Jahren ausgezahlt (Tarif II, Versicherung auf den Todes- oder Erlebensfall). Bei der Aufnahme erhält der Versicherte einen Versicherungsschein (Police) mit den genauen Bestimmungen der Versicherung.

Die nachstehenden Tarife sind einem Geschäftsplane für die Deutsche Volksversicherung, Gemeinnützige Aktiengesellschaft, Berlin-Schöneberg, Hähnelstr. 15a entnommen. Bei dieser Versicherungsgesellschaft, bei der die Aufnahme ohne ärztliche Untersuchung erfolgen kann, gelangt die Versicherungssumme in voller Höhe bereits zur Auszahlung, wenn die Versicherung beim Tode des Versicherten nur 1 Jahr in Kraft war.

Tarif I: Sterbegeldversicherung.

Fälligkeit der Versicherungssumme und der Gewinnanteile beim Tode.

Zahlung der Beiträge bis zum Tode, längstens bis zum Ablauf der vereinbarten Beitragszahlungsdauer.

Die einfache Todesfallversicherung hat die niedrigsten Prämiensätze und eignet sich daher für alle, die ihren Angehörigen mit geringen Aufwendungen einen möglichst hohen Betrag für den Fall ihres Todes sichern wollen. Mit Rücksicht auf die im Alter verminderte Erwerbsmöglichkeit wird es sich in der Regel empfehlen, die Dauer der Prämienzahlung zeitlich zu begrenzen.

Monatlicher Beitrag für eine Versicherungssumme von 100 M bei einer Beitragszahlungsdauer

Eintrittsalter	bis zum 50. Lebensjahre	bis zum 55. Lebensjahre	bis zum 60. Lebensjahre	bis zum 65. Lebensjahre	bis zum 85. Lebensjahre	von 15 Jahren	von 20 Jahren	von 25 Jahren	von 30 Jahren	von 35 Jahren	von 40 Jahren	Eintrittsalter
	M	M	M	M	M	M	M	M	M	M	M	
15	0,18	0,17	0,17	0,16	0,16	0,27	0,23	0,21	0,19	0,18	0,17	15
16	0,19	0,18	0,17	0,17	0,16	0,28	0,23	0,21	0,20	0,19	0,18	16
17	0,20	0,19	0,18	0,17	0,17	0,28	0,24	0,22	0,21	0,19	0,18	17
18	0,20	0,19	0,19	0,18	0,17	0,29	0,25	0,22	0,21	0,20	0,19	18
19	0,21	0,20	0,19	0,19	0,18	0,30	0,25	0;23	0,22	0,20	0,19	19
20	0,22	0,21	0,20	0,19	0,18	0,30	0,26	0,23	0,22	0,21	0,20	20
21	0,23	0,21	0,20	0,20	0,19	0,31	0,26	0,24	0,23	0,21	0,20	21
22	0,23	0,22	0,21	0,20	0,19	0,31	0,27	0,24	0,23	0,22	0,21	22
23	0,24	0,23	0,22	0,21	0,20	0,32	0,27	0,25	0,24	0,22	0,21	23
24	0,25	0,24	0,22	0,22	0,21	0,33	0,28	0,25	0,24	0,23	0,22	24
25	0,26	0,25	0,23	0,22	0,21	0,33	0,29	0,26	0,25	0,23	0,22	25
26	0,27	0,26	0,24	0,23	0,22	0,34	0,29	0,27	0,25	0,24		26
27	0,28	0,26	0,25	0,24	0,23	0,35	0,30	0,27	0,26	0,25		27
28	0,29	0,27	0,26	0,25	0,23	0,36	0,31	0,28	0,27	0,25		28
29	0,31	0,28	0,27	0,26	0,24	0,37	0,31	0,29	0,27	0,26		29
30	0,32	0,30	0,28	0,27	0,25	0,38	0,32	0,30	0,28	0,27		30
31	0,34	0,31	0,29	0,28	0,26	0,39	0,33	0,30	0,29			31
32	0,36	0,32	0,30	0,29	0,27	0,40	0,34	0,31	0,30			32
33	0,38	0,34	0,31	0,30	0,28	0,41	0,35	0,32	0,31			33
34	0,40	0,35	0,33	0,31	0,29	0,42	0,36	0,33	0,32			34
35	0,43	0,37	0,34	0,33	0,30	0,43	0,37	0,34	0,33			35
36		0,39	0,35	0,34	0,31	0,44	0,38	0,35				36
37		0,41	0,37	0,35	0,32	0,45	0,39	0,36				37
38		0,43	0,38	0,36	0,33	0,46	0,40	0,37				38
39		0,46	0,40	0,38	0,35	0,47	0,41	0,38				39

Die Versicherungssummen erhöhen sich um die mit 3½ % Zins und Zinseszins anzusammelnden Gewinnanteile.

Die Tarife geben den monatlichen Beitrag für eine Versicherungssumme von 100 M bei einer bestimmten Beitragszahlungsdauer an. Mit Hilfe dieser Angaben kann man den monatlichen Beitrag auch für eine Versicherungssumme von **mehr als** 100 M berechnen.

Beispiele zu Tarif I: a) Versicherungssumme: 100 M, Beitragszahlungsdauer 30 Jahre, Eintrittsalter: 20 Jahre, monatlicher Beitrag nach Tarif: 0,22 M; b) Versicherungssumme: 500 M, sonst wie bei a), dann beträgt der monatliche Beitrag: 5 · 0,22 = 1,10 M; c) Versicherungssumme: 750 M, sonst wie bei a), dann beträgt der monatliche Beitrag 7,5 · 0,22 = 1,65 M usw.

Tarif II: Gemischte Versicherung.

Versicherung auf den Todes- und Erlebensfall. Fälligkeit der Versicherungssumme und der Gewinnanteile beim Tode, spätestens beim Ablauf der vereinbarten Versicherungsdauer.

Zahlung der Beiträge bis zur Fälligkeit der Versicherungssumme.

Diese Versicherungsart, die bei allen Lebensversicherungen die größte Verbreitung gefunden hat, empfiehlt sich ganz besonders für die Volksversicherung; denn gerade die minderbemittelten Volkskreise, die von ihrem Arbeitsverdienst leben müssen, haben allen Anlaß, neben der Fürsorge für ihre Hinterbliebenen auch sich selbst eine Versorgung für die Zeit zu sichern, in der ihre Arbeitskraft und damit ihr Verdienst abnimmt.

Monatlicher Beitrag für eine Versicherungssumme von 100 ℳ bei einer Versicherungsdauer

Eintrittsalter	bis zum 50. Lebensjahre	bis zum 55. Lebensjahre	bis zum 60. Lebensjahre	bis zum 65. Lebensjahre	von 15 Jahren	von 20 Jahren	von 25 Jahren	von 30 Jahren	von 35 Jahren	von 40 Jahren	Eintrittsalter
	ℳ	ℳ	ℳ	ℳ	ℳ	ℳ	ℳ	ℳ	ℳ	ℳ	
15	0,25	0,21	0,19	0,18	0,59	0,43	0,34	0,28	0,25	0,21	15
16	0,26	0,23	0,20	0,18	0,60	0,44	0,35	0,29	0,25	0,22	16
17	0,27	0,23	0,21	0,19	0,60	0,44	0.35	0,29	0,25	0,22	17
18	0,28	0,24	0,21	0,20	0,60	0,44	0,35	0,29	0,26	0,22	18
19	0,29	0,25	0,22	0,20	0,60	0,44	0,35	0,29	0,26	0,23	19
20	0,30	0,26	0,23	0,21	0,60	0,44	0,35	0,30	0,26	0,23	20
21	0,31	0,27	0,24	0,22	0,60	0,44	0,35	0,30	0,26	0,23	21
22	0,32	0,28	0,25	0,22	0,60	0,44	0,35	0,30	0,26	0,23	22
23	0,33	0,29	0,25	0,23	0,60	0,45	0,36	0,30	0,27	0,24	23
24	0,35	0,30	0,26	0,24	0,60	0,45	0,36	0,30	0,27	0,24	24
25	0,36	0,31	0,27	0,25	0,60	0,45	0,36	0,31	0,27	0,25	25
26	0,38	0,32	0,28	0,26	0,61	0,45	0,36	0,31	0,28		26
27	0,40	0,33	0,29	0,26	0,61	0,45	0,37	0,31	0,28		27
28	0,42	0,35	0,30	0,27	0,61	0,46	0,37	0,32	0,29		28
29	0,44	0,36	0,31	0,29	0,61	0,46	0,37	0,32	0,29		29
30	0,46	0,38	0,33	0,30	0,61	0,46	0,38	0,33	0,30		30
31	0,49	0,39	0,34	0,31	0,62	0,47	0,38	0,33			31
32	0,52	0,41	0,35	0,32	0,62	0,47	0,39	0,34			32
33	0,55	0,43	0,37	0,33	0,62	0,47	0,39	0,34			33
34	0,59	0,46	0,38	0,34	0,63	0,48	0,39	0,35			34
35	0,63	0,48	0,40	0,35	0,63	0,48	0,40	0,35			35
36		0,51	0,42	0,37	0,64	0,49	0,41				36
37		0,54	0,44	0,38	0,64	0,49	0,41				37
38		0,57	0,46	0,40	0,64	0,50	0,42				38
39		0,61	0,48	0,41	0,65	0,50	0,42				39

Die Versicherungssummen erhöhen sich um die mit $3\frac{1}{2}\%$ Zins und Zinseszins anzusammelnden Gewinnanteile.

1. Ein 25jähriger Schlosser schließt eine Versicherung ab für eine Versicherungssumme von 1000 ℳ bei einer Beitragszahlungsdauer von 30 Jahren. Bestimme den monatlichen Beitrag nach Tarif I und II!

2. Ein 20jähriger Schlosser schließt eine Versicherung ab für eine Versicherungssumme von 2000 ℳ. Er will bis zu seinem 60. Lebensjahre Beiträge zahlen. Bestimme den monatlichen Beitrag nach Tarif I und II!

3. Ein 30jähriger Schlosser schließt eine Versicherung ab für eine Versicherungssumme von 1000 ℳ. Er will 20 Jahre Beiträge zahlen. Bestimme den monatlichen Beitrag nach Tarif I und II!

4. Ein 24jähriger Schlosser schließt eine Versicherung ab für eine Versicherungssumme von 2000 ℳ. Er will bis zu seinem 55. Lebensjahre Beiträge bezahlen. Bestimme den monatlichen Beitrag nach Tarif I und II!

Übe an weiteren Beispielen nach Bedarf!

2. Versorgungsversicherung.

Tarif III: Versorgungsversicherung.

Versicherung mit festem Auszahlungstermin. Fälligkeit der Versicherungssumme und der Gewinnanteile nach Ablauf der vereinbarten Versicherungsdauer.

Die Beitragszahlung endet mit dem Tode des Versicherten (Versorgers), spätestens mit der Fälligkeit der Versicherungssumme.

Bei Versicherungen nach diesem Tarif werden die für einen bestimmten Zweck (Schulentlassung, Fachschulbesuch, Heirat der Kinder) erforderlichen Mittel unabhängig von dem Leben des Versorgers (Vaters) zur rechten Zeit bereitgestellt. Dieser Tarif stellt daher die vollkommenste Form der Versorgungsversicherung dar.

Monatlicher Beitrag für eine Versicherungssumme von 100 ℳ bei einer Versicherungsdauer von

Eintrittsalter	15 Jahren ℳ	16 Jahren ℳ	17 Jahren ℳ	18 Jahren ℳ	19 Jahren ℳ	20 Jahren ℳ	25 Jahren ℳ	Eintrittsalter
20	0,59	0,54	0,51	0,48	0,45	0,42	0,33	20
21	0,59	0,54	0,51	0,48	0,45	0,42	0,33	21
22	0,59	0,54	0,51	0,48	0,45	0,42	0,33	22
23	0,59	0,55	0,51	0,48	0,45	0,42	0,33	23
24	0,59	0,55	0,51	0,48	0,45	0,42	0,33	24
25	0,59	0,55	0,51	0,48	0,45	0,42	0,33	25
26	0,59	0,55	0,51	0,48	0,45	0,43	0,33	26
27	0,59	0,55	0,51	0,48	0,45	0,43	0,33	27
28	0,59	0,55	0,51	0,48	0,45	0,43	0,33	28
29	0,59	0,55	0,52	0,48	0,45	0,43	0,33	29
30	0,59	0,55	0,52	0,48	0,46	0,43	0,34	30
31	0,60	0,55	0,52	0,49	0,46	0,43	0,34	31
32	0,60	0,56	0,52	0,49	0,46	0,43	0,34	32
33	0,60	0,56	0,52	0,49	0,46	0,44	0,34	33
34	0,60	0,56	0,52	0,49	0,46	0,44	0,34	34
35	0,60	0,56	0,53	0,49	0,47	0,44	0,35	35
36	0,61	0,57	0,53	0,50	0,47	0,44	0,35	36
37	0,61	0,57	0,53	0,50	0,47	0,45	0,35	37
38	0,61	0,57	0,53	0,50	0,47	0,45	0,35	38
39	0,61	0,57	0,54	0,50	0,48	0,45	0,36	39

Die Versicherungssummen erhöhen sich um die mit $3\frac{1}{2}\,\%$ Zins und Zinseszins anzusammelnden Gewinnanteile.

Bei dieser Versicherung tritt der Vater in die Versicherung ein, um seinem Sohn für den Besuch einer Fachschule, oder seiner Tochter für die Heirat die nötigen Geldmittel zu sichern. Mit dem Tode des Vaters hört die Beitragszahlung auf, der Sohn oder die Tochter erhalten aber trotzdem das Kapital nach Ablauf der Versicherungsdauer.

1. Ein 28 jähriger Schlosser will seiner 2 Jahre alten Tochter für die Aussteuer ein Kapital von 1500 ℳ sichern. Er will bis zum vollendeten 20. Lebensjahre seiner Tochter Beiträge zahlen. Bestimme den monatlichen Beitrag nach Tarif III!

2. Ein 38 jähriger Schlosser will seinem 10 Jahre alten Sohne für den späteren Besuch einer Werkmeisterschule ein Kapital von 1000 ℳ sichern. Er will bis zum vollendeten 25. Lebensjahre seines Sohnes Beiträge zahlen. Bestimme den monatlichen Beitrag nach Tarif III!

3. Ein 30 jähriger Schlosser schließt eine Versicherung ab für eine Versicherungssumme von 1200 ℳ. Er will 25 Jahre Beiträge zahlen. a) Bestimme 1. den monatlichen Beitrag nach Tarif I; 2. den Gesamtbetrag der gezahlten Beiträge, wenn der Arbeiter nach vollendetem 38. Lebensjahre stirbt! b) Wieviel Mark werden den Hinterbliebenen mehr ausgezahlt, als an Beiträgen eingezahlt wurden? (Der zustehende Anteil am Gewinn der Gesellschaft soll unberücksichtigt bleiben.)
Vergleiche an ähnlichen Beispielen nach Tarif II und III den großen Nutzen einer Versicherung!

3. Feuerversicherung.

Die Feuerversicherung haftet für den durch Feuer entstandenen Schaden. Die Versicherung erstreckt sich auf Gebäude und Einrichtungsstücke (Möbel, Waren, Modelle, Werkzeuge, Maschinen usf.). Die **Beiträge** (Prämien) richten sich 1. nach der Höhe der **Versicherungssumme**, 2. nach der **Feuergefährlichkeit** (Schreinerei, Holzlager usw.). Die Beiträge werden vom Tausend (‰) der Versicherungssumme berechnet. Häuser werden nicht in voller Höhe versichert, sondern nach dem Brandkassenwert. (Das ist der Wert des Hauses ohne Grundstück.) Warum?

1. Berechne die jährliche Feuerversicherungsprämie für ein massives Wohnhaus auf dem Lande! Brandkassenwert: 12000, 18000, 22000 ℳ. Prämiensatz: $\frac{3}{4}$, 1, $1\frac{1}{4}$, $1\frac{1}{2}$ ‰.

2. Berechne die jährliche Prämie für ein massives Wohnhaus in der Stadt! Brandkassenwert: 25000, 42000, 65000 ℳ. Prämiensatz: $\frac{3}{10}$, $\frac{4}{10}$ ‰.

3. Berechne die jährliche Prämie für ein Fachwerkgebäude! Brandkassenwert: 20000, 28000, 32000 ℳ. Prämiensatz: $1\frac{1}{2}$ ‰.

4. Ein Schlossermeister versichert sein Haus mit Anbau im Werte von 45000 ℳ. Wegen der angrenzenden Schreinerei werden 2‰ der Versicherungssumme erhoben. Jährliche Versicherungsprämie?

5. Berechne die jährliche Prämie für eine Wohnungseinrichtung bei einem Wert von 1500, 2000, 3500, 4000 ℳ! Prämiensatz: 1‰, ³/₄‰.

Maße und Gewichte.

1. Längenmaße.

Die Entfernung zwischen zwei Punkten nennt man Länge oder Strecke. Die kürzeste Entfernung zwischen zwei Punkten ist die gerade Linie. (Fig. 1.)

Ändert jedoch eine gerade Linie gleichmäßig fortlaufend ihre Richtung, so entsteht eine krumme Linie. (Fig. 2.) Zur Bestimmung der Länge einer krummen Linie wird dieselbe durch beliebig angenommene Punkte in Teilstrecken zerlegt. Die Teilstrecken weichen von einer geraden Linie äußerst wenig ab. Die so gewonnenen Teilstrecken werden gemessen und auf einer

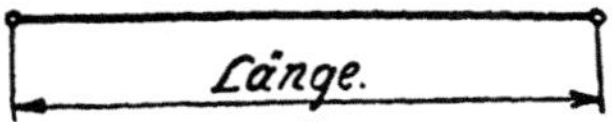

Fig. 1.

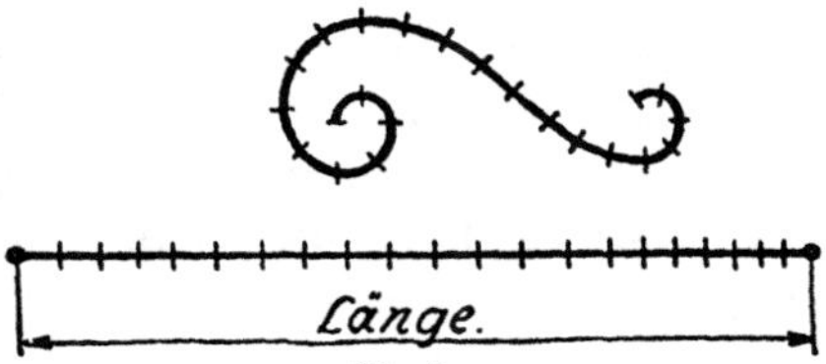

Fig. 2.

geraden Linie abgetragen. (Fig. 2.) In der Werkstatt erfolgt das Messen der krummen Linie mittels Bindfaden oder dünnem Draht, und zwar auf der Mittellinie der Materialstärke. (Neutrale Faser.)

Eine gerade Linie, welche in plötzlichen Unterbrechungen verschiedene Richtungen einnimmt, so daß sie aus mehreren geraden Strecken zusammengesetzt ist, nennt man eine gebrochene Linie. (Fig. 3.) Zur Bestimmung ihrer Länge werden die einzelnen

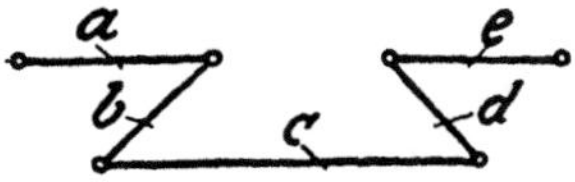

Fig. 3.

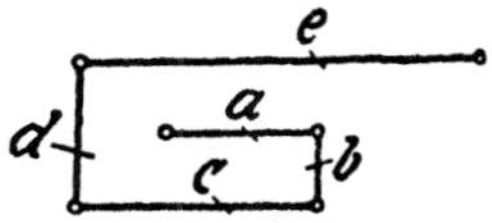

Fig. 3a.

Fig. 4.

Strecken bestimmt und diese addiert. Für Fig. 3 und 3a also: Länge = a + b + c + d + e.

Eine Linie, die teils aus geraden, teils aus krummen Linien zusammengesetzt ist, nennt man eine gemischte Linie. (Fig. 4.) Ihre Länge setzt sich aus den Einzelstrecken zusammen. Für Fig. 4 also: Länge = a + b + c, wobei für b die ermittelte Bogenlänge einzusetzen ist.

Die Einheit der Längenmaße ist in fast allen Staaten das Meter. Es ist der vierzigmillionte Teil des Erdumfanges. (In England ist das Yard = 0,914 Meter die Einheit.)

Die Länge hat eine Ausdehnung. Der Teiler für die nächstkleinere Längeneinheit ist 10. Daher 1 Dezimalstelle für jede Teileinheit!

a) Teilmaße.

1 Meter (m) = 10 Dezimeter (dm),
1 Dezimeter (dm) = 10 Zentimeter (cm),
1 Zentimeter (cm) = 10 Millimeter (mm).

b) Sammelmaße.

1 Kilometer (km) = 1000 m (10—12 Minuten Weg).
(In 1 Stunde geht man 5—6 km.)
1 deutsche Landmeile = 7,5 km = 7500 m,
1 deutsche Seemeile = 1,852 km = 1852 m.

1. 5,3, 27,35, 185,04, 8,356, 52,402, 19,035, 0,007, 100,001 m. Lies die vorstehenden Zahlen in zweifacher Weise: a) nach Maßeinheiten, z. B. 52 m, 4 dm, 0 cm, 2 mm; b) die Dezimalen in der kleinsten Maßeinheit, z. B. 19 m, 35 mm!
Übe bis zur Sicherheit die Niederschrift von Längenmaßen nach Diktat! Lies die geschriebenen Maße wie vorstehend in zweifacher Weise!
2. Verwandle in Zentimeter: 4,50, 15,60, 3,02, 87,03, 605,85 m!
3. Verwandle in Millimeter: 9,485, 12,075, 0,562, 0,090, 25,003 m!
4. Verwandle in Meter: 486, 1564, 63, 6, 80 cm!
5. Verwandle in Meter: 13,420, 0,6, 0,75, 62,745 km!
6. Verwandle in Kilometer: 40380, 6422, 875, 38940, 84 m!
7. Wieviel Millimeter sind: $\frac{1}{4}$, $\frac{1}{2}$, $\frac{3}{4}$ m?
8. Gib die vom Lehrer am Metermaß abgegriffenen Längen in cm an!
9. Bestimme mit dem Zollstock die Längen und Breiten von Gegenständen im Klassenraum!
10. Ein rechteckiger Platz von 52 m Länge und 24 m Breite soll mit einem Gitter aus Eisen abgeschlossen werden. a) Wieviel laufende Meter sind anzufertigen?
11. Bestimme die Gesamtlänge des Materials in m für:

a)	5	Stück	Bandeisen	je	1400	mm	lang,
b)	10	=	Flacheisen	=	1950	=	=
c)	4	=	Quadrateisen	=	1250	=	=
d)	8	=	Rundeisen	=	2040	=	=
e)	3	=	Winkeleisen	=	430	=	=
f)	6	=	T-Eisen	=	550	=	=

12. Bestimme die Gesamtlänge des Materials in m für:

a)	6	Stück	Bandeisen	je	135	cm	lang,
b)	9	=	Hespeneisen	=	250	=	=
c)	12	=	Halbrundeisen	=	130	=	=
d)	16	=	Rundeisen	=	12	=	=
e)	32	=	⊔-Eisen	=	150	=	=
f)	24	=	Rundeisen	=	15	=	=

13. Für eine Kellerfenstervergitterung sind 6 Stäbe je 1,20 m lang zuzuschneiden. Bestimme die Gesamtlänge des Materials!
14. Zur Herstellung von 5 Kellerschachtrosten werden je 42 Stäbe Flacheisen à 260 mm Länge und je 2 Stäbe Flacheisen à 1,25 m Länge gebraucht. Wieviel laufende Meter sind insgesamt erforderlich?

15. Ein Wagenrad hat einen Umfang von 2,66 m. Wieviel Umdrehungen muß das Rad machen, um einen Weg von 1,995 km zurückzulegen?

16. Bestimme das Maß x für die Welle Fig. 1!

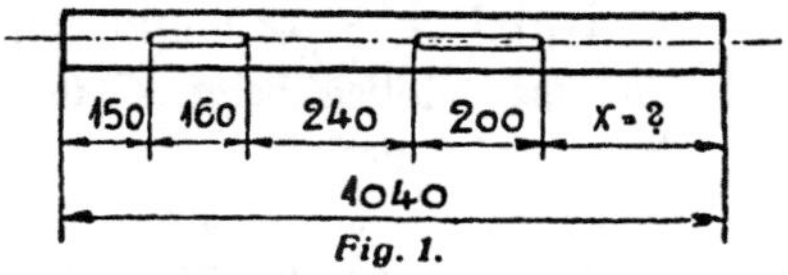

Fig. 1.

17. Bestimme die Anzahl der Lager für die Transmissionswelle Fig. 2 bei folgenden Annahmen: Lagerentfernung von Mitte zu Mitte 2,8 m. Entfernung der Außenlager von den Wellenenden 320 mm. Ganze Wellenlänge 17 440 mm!

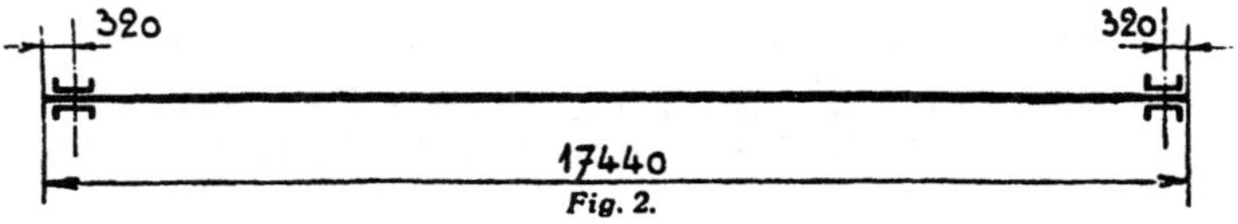

Fig. 2.

18. Um einen Bahnanschluß für eine Fabrik herzustellen, sind in gerader Linie 0,936 km Geleise zu verlegen. Wieviel Stück Schienen sind erforderlich, wenn jede Schiene 9 m lang ist?

Erwärmt man einen Eisenstab von 1 Meter Länge auf 100° Cels., so verlängert er sich um 1,2 mm. Auf schwarzwarm = 300° Cels. erwärmt, verlängert er sich um 4,4 mm und auf rotwarm = 600° Cels. erwärmt, beträgt die Verlängerung 11,4 mm.

19. Wieviel beträgt die Verlängerung einer Flacheisenstange, die zum Radreifen gebogen ist, wenn ihre gestreckte Länge 2,55 m beträgt, bei einer Erwärmung auf 100°, 300°, 600° Cels.?

c) Das englische Zollmaß.

Die Durchmesser von Schrauben werden meistens in engl. Zoll angegeben. Ursprünglich ist der Zoll der Länge eines Mannesfußes entlehnt.

1 engl. Zoll (1″) = 25,399541 mm = rund 25,4 mm

1 engl. Fuß = 12″ = rund 305 mm.

Der Maßstab oder Zollstock hat meistens eine Teilung in 16 tel Zoll. Bei Gewinden kommen auch 32 tel Zollteilungen vor.

20. Lies folgende Zollteilungen:

$\frac{1}{16}''$, $\frac{3}{32}''$, $\underline{\frac{1}{8}}''$, $\frac{5}{32}''$, $\frac{3}{16}''$, $\frac{7}{32}''$, $\underline{\frac{1}{4}}''$, $\frac{9}{32}''$, $\frac{5}{16}''$, $\underline{\frac{3}{8}}''$, $\frac{7}{16}''$, $\underline{\frac{1}{2}}''$, $\frac{9}{16}''$, $\underline{\frac{5}{8}}''$, $\underline{\frac{3}{4}}''$, $\underline{\frac{7}{8}}''$, $\underline{1}''$!

Die unterstrichenen Zollteilungen sind in der Praxis am gebräuchlichsten.

21. Verwandle in Millimeter:

$\frac{1}{4}''$, $\frac{3}{4}''$, $\frac{1}{8}''$, $\frac{3}{8}''$, $\frac{5}{8}''$, $\frac{7}{8}''$, $\frac{1}{16}''$, $\frac{3}{16}''$, $\frac{5}{16}''$, $\frac{7}{16}''$, $\frac{9}{16}''$!

22. Bestimme den äußeren Durchmesser in mm für Gasröhren:

Innerer Durchmesser:	$\frac{1}{4}''$,	$\underbrace{\frac{3}{8}'', \frac{1}{2}'', \frac{5}{8}'', \frac{3}{4}''}$,	$1''$,	$\underbrace{1\frac{1}{4}'', 1\frac{1}{2}'', 2''}$.
Wandstärke in mm:	3,25	3,5	4	4,5

23. Welche Rundeisenstärke wählt man zum Schneiden folgender Gewindeschrauben: $\frac{1}{4}''$, $\frac{5}{16}''$, $\frac{3}{8}''$, $\frac{7}{16}''$, $\frac{1}{2}''$, $\frac{5}{8}''$, $\frac{3}{4}''$, $\frac{7}{8}''$, $1''$?

Beispiel: $\frac{1}{2}'' = 12{,}7$ mm; lagermäßiges Rundeisen 13 mm stark.

24. Die Gewindetiefe beim $1''$ Gewinde beträgt 2,05 mm. Wie groß ist der Kerndurchmesser?

Zum Schneiden von Gewinden in Schmiedeeisen oder Stahl bohrt der Schlosser das Loch etwas größer als den Kerndurchmesser, wodurch das Einschneiden des Gewindes erleichtert und trotzdem ein gutes Gewinde erzielt wird. (Warum?)

25. Welchen Durchmesser muß demnach der Spiralbohrer für das $1''$ Gewinde in Aufg. 27 haben, wenn er um $\frac{2}{10}$ mm größer ist als der Kerndurchmesser?

26. Bestimme den Kerndurchmesser für folgende Gewindestärken:

Außendurchmesser: $\frac{1}{4}''$, $\frac{5}{16}''$, $\frac{3}{8}''$, $\frac{7}{16}''$, $\frac{1}{2}''$, $\frac{5}{8}''$, $\frac{3}{4}''$, $\frac{7}{8}''$.
Gewindetiefe: 0,815, 0,905, 1,01, 1,16, 1,405, 1,475, 1,625, 1,805 mm.

d) Das Winkelmaß.

Die Größe eines Winkels, das Winkelmaß, hängt nicht von der Länge seiner Schenkel ab, sondern von dem Abstand derselben. Um die Größe eines Winkels zu messen, benutzt man eine halbkreisförmige Meßskala, die in 180 gleiche Teile oder Grade (180°) eingeteilt ist. Eine solche Meßskala heißt **Winkelmesser**. Steht der eine Schenkel senkrecht zum andern, so bilden die beiden Schenkel einen **rechten Winkel** (90°). Wenn ein Winkel kleiner ist als 90°, so nennt man diesen einen **spitzen Winkel**, ist er größer als 90°, so heißt er **stumpfer Winkel**. Ein Winkel von 180° heißt **gestreckter Winkel**. Die um den Mittelpunkt eines Kreises vereinigten Winkel haben 360°.

1. Bilde mit dem Zollstock einen rechten, einen spitzen und einen stumpfen Winkel!
2. Skizziere verschiedene Winkel auf ein Blatt Papier und gib ihre Größe nach dem Augenmaß an! Prüfe mit dem Winkelmesser!
3. Wieviel Grad beträgt der Gehrungswinkel zweier rechtwinklig zusammengepaßter Rahmenteile?
4. Wie groß ist der Winkel, den die Flächen einer Sechskantenmutter bilden?
5. Wieviel Grad hat der 4., 5., 6., 8., 10., 12. Teil eines Kreises?

e) Geometrische Verhältnisse.

Baupläne, Montagepläne und Rohrleitungspläne werden meistens in verkleinertem Maßstabe dargestellt. Gebräuchliche Verkleinerungen sind:

Maßstab	1 : 1000	d. h.	1	mm	der	Zeichnung	= 1	m	natürliche	Größe
"	1 : 500	"	2	"	"	"	= 1	"	"	"
"	1 : 200	"	5	"	"	"	= 1	"	"	"
"	1 : 100	"	10	"	"	"	= 1	"	"	"
"	1 : 50	"	20	"	"	"	= 1	"	"	"
"	1 : 25	"	40	"	"	"	= 1	"	"	"
"	1 : 20	"	50	"	"	"	= 1	"	"	"
"	1 : 10	"	100	"	"	"	= 1	"	"	"
"	1 : 5	"	200	"	"	"	= 1	"	"	"
"	1 : 1		natürliche Größe							

1. Auf einem Montageplan im Maßstab 1 : 100 ist das Fundament für eine Maschine 30 mm × 50 mm lang gezeichnet. Wie groß ist das Fundament in natürlicher Größe?

2. Nach einer Landkarte im Maßstabe 1 : 25000 ist der zurückzulegende Weg 40 mm lang. (Länge des mittleren Daumengliedes.) a) Wieviel km beträgt der Weg? b) In welcher Zeit legt ein guter Fußgänger den Weg zurück? (1 km = 10—12 Minuten.)

3. Stelle an Hand einer Karte den Weg für einen Sonntagsausflug fest und bestimme Kilometerzahl und Zeit!

Steigungen und Gefälle im Gelände, Steigungen oder Abschrägungen an Keilen usw. werden in einem bestimmten Verhältnis angegeben; z. B. Steigung im Gelände = 1 : 100, d. h. das Gelände steigt oder fällt auf 100 m um 1 m.

4. Die Steigung im Gelände beträgt 1 : 50. a) Was heißt das? b) Wie groß ist die Steigung auf: 10 m, 20 m, 1 m?

5. Ein Fundament von 30 m Länge hat ein Gefälle von 1 : 100. Wie groß ist der Höhenunterschied?

6. Die Abschrägung eines Nasenkeils ist 1 : 100, damit er den nötigen Anzug hat. Um wieviel muß ein 150 mm langer Keil an einem Ende schwächer gefeilt werden?

7. Ein Querkeil, dessen Steigung 1 : 25 betragen soll, ist 75 mm lang und mißt am stärksten Ende 17 mm. Wie stark ist der Keil am schwächsten Ende?

Die inneren Flanschflächen bei ⊔-Eisen haben 8%, bei I-Eisen 14% Steigung. Der Fuß und der Steg bei hochstegigem T-Eisen haben 2% Steigung. (Warum?)

8. Was versteht man unter: Steigung = 8%, 14%, 2%?

9. Ein hochstegiges T-Eisen von 140 mm Höhe und 140 mm Breite hat eine Stegdicke von 15 mm. (Die Stegdicke ist auf halber Höhe gemessen.) Wieviel ist der Steg am Außenrand schwächer als in der Mitte?

10. Ein ⊔-Eisen von 300 mm Höhe und 100 mm Breite hat eine Flanschdicke von 16 mm. (Die Flanschdicke ist auf halber Breite gemessen.) Wie stark sind die Flansche am Außenrande?

11. Ein I-Eisen von 270 mm Höhe und 116 mm Breite hat eine Flanschdicke von 14,7 mm. (Die Flanschdicke ist auf viertel Breite gemessen.) Wieviel sind die Flansche am Außenrande schwächer?

2. Flächenmaße.

Die Fläche hat zwei Ausdehnungen: Länge und Breite. Die Einheit der Flächenmaße ist das Quadratmeter, ein Quadrat von 1 m Seitenlänge. Der Teiler für die nächstkleinere Flächeneinheit ist 10 · 10. Daher 2 Dezimalstellen für jede Teileinheit.

a) Teilmaße.

1 Quadratmeter (qm)	=	100 Quadratdezimeter (qdm),
1 Quadratdezimeter (qdm)	=	100 Quadratzentimeter (qcm),
1 Quadratzentimeter (qcm)	=	100 Quadratmillimeter (qmm),
1 Quadratrute	=	14,185 Quadratmeter,
1 Morgen	=	180 Quadratruten = 2553,22 qm,
		= ~ 2500 qm.

b) Sammelmaße.

1 Ar (a)	ist ein Quadrat von	10 m	Seitenlänge,
1 Hektar (ha)	„ „ „ „	100 „	„
1 Quadratkilometer (qkm)	„ „ „ „	1000 „	„

Stelle dir dabei bestimmte Flächen aus deiner Umgebung vor: z. B. 1 a (kleiner Saal), 1 ha (großer Marktplatz), 1 qkm (großer Sportplatz)

1. 5,45, 0,70, 15,08, 46,4515, 3,5308, 0,7075, 25,0008, 3,375, 1,537482, 11,504809, 0,55379 qm. Lies die vorstehenden Zahlen in zweifacher Weise: a) nach Maßeinheiten, z. B. 46 qm, 45 qdm, 15 qcm; b) die Dezimalen in der kleinsten Maßeinheit, z. B. 46 qm, 4515 qcm!
Übe bis zur Sicherheit die Niederschrift von Flächenmaßen nach Diktat! Lies die geschriebenen Maße wie vorstehend in zweifacher Weise!

2. Verwandle in Quadratdezimeter: 2,75, 24,8, 0,8, 0,925, 384,05, 0,008, 96,345, 132,0865 qm!

3. Verwandle in Qudratzentimeter: 3,8435, 36,0998, 69,785, 0,075, 4,036, 0,0008, 897,3 qm!

4. Verwandle in Quadratmillimeter: 4,55, 23,48, 47,05, 0,09, 486,06, 0,008, 648,0345 qcm!

5. Verwandle in Quadratmeter: 384,3, 6483,5, 84,98, 3,4, 0,45, 0,086, 0,004 qdm!

6. Verwandle in Qudratdezimeter: 38403,5, 684932,5, 8964,8, 693,8, 142,58, 3,4, 0,8 qmm!

7. Verwandle in Ar: 483,5, 6289,8, 89,6, 9,08, 0,6, 546, 0,042, 49634,5 qm!

8. Verwandle in Hektar: 469378,5, 96321,3, 4765,4, 768,4, 125, 26,5, 2,3, 0,9 qm!

9. Verwandle in Quadratkilometer: 8793456,5, 9231684, 486532,3, 59631,4, 87321, 543,5 qm!

Anmerkung: Weitere Aufgaben siehe bei der Flächenberechnung.

3. Körpermaße.

Der Körper hat drei Ausdehnungen: Länge, Breite und Höhe. Die Einheit der Körpermaße ist das Kubikmeter, ein Würfel von 1 m Seitenlänge. Der Teiler für die nächstkleinere Körpereinheit ist 10 × 10 × 10. Daher 3 Dezimalstellen für jede Teileinheit!

1 Kubikmeter (cbm) = 1000 Kubikdezimeter (cdm),
1 Kubikdezimeter (cdm) = 1000 Kubikzentimeter (ccm),
1 Kubikzentimeter (ccm) = 1000 Kubikmillimeter (cmm).

1. 15,375, 7,084, 5,006, 25,1, 96,25, 84,08, 1,156374, 8,300775, 0,000093, 12,537873546 cbm. Lies die vorstehenden Zahlen in zweifacher Weise: a) nach Maßeinheiten, z. B. 1 cbm, 156 cdm, 374 ccm; b) die Dezimalen in der kleinsten Maßeinheit, z. B. 1 cbm, 156374 ccm! Übe bis zur Sicherheit die Niederschrift von Körpermaßen nach Diktat! Lies die geschriebenen Maße wie vorstehend in zweifacher Weise!
2. Verwandle in Kubikdezimeter: 4865432, 8653279,5, 632145, 735461,3, 38547,4, 4631,4, 683,5, 92,6, 9,4, 0,8 cmm!
3. Verwandle in Kubikmeter: 28653,5, 9621, 8329,3, 396, 48,3, 5,8, 8, 0,7 cdm!
4. Verwandle in Kubikzentimeter: 84,2345, 9,386, 486,25, 92,3, 8,35, 0,965, 0,008, 0,0007 cdm!
5. Verwandle in Kubikmillimeter: 3,8645826, 24,325479, 485,69243, 89,7214, 2,739, 0,864, 0,009 cdm!
6. Verwandle in Kubikmeter: 4296384521, 928534278,5, 68253429,3, 4576321, 735689,7, 56842, 3684,3 cmm!

Anmerkung: Weitere Aufgaben siehe bei der Körperberechnung.

4. Hohlmaße.

Die Einheit der Hohlmaße ist das Liter.

1 Liter (l) = 1 Kubikdezimeter (cdm),
1000 l = 1 cbm,
1 Hektoliter (hl) = 100 Liter.

1. Verwandle in Hektoliter: 982, 42, 3485, 25,4, 8, 4289,6, 7,5, 3,08, 0,86, 54,36, 22,3, 0,6 l!
2. Verwandle in Liter: 3,45, 45, 47,36, 482,5, 3964,05, 8892, 9,3, 0,42, 0,09, 0,008 hl!
3. Eine dreiköpfige Familie verbraucht pro Kopf und Tag:

Wasser zum Waschen	10 l,
„ zu Trink-, Koch- und Reinigungszwecken	25 „
„ zur Klosettspülung	5 „
„ für ein Wannenbad	100 „

Bestimme den Verbrauch in cbm in 1 Monat, in 1 Jahr!

4. Eine Hochdruckdampfmaschine von 500 PS gebraucht für 1 PS und Stunde 30 l Wasser. Bestimme den Verbrauch: a) für 1 Arbeitstag (10 Stunden); b) für 1 Monat (25 Arbeitstage); c) für 1 Jahr (300 Arbeitstage).

5. 5 Gaslampen brennen täglich 3 Stunden. Wieviel cbm Gas werden in 26 Arbeitstagen gebraucht:

a) bei stehendem Glühlicht (Verbrauch pro Stunde 1,7 l),
b) „ hängendem „ „ „ „ „ 1,0 „)?

Wie teuer ist der Verbrauch, wenn 1 cbm Gas 0,18 ℳ kostet?

Anmerkung: Weitere Aufgaben siehe bei der Körperberechnung.

5. Gewichte.

Die Einheit des Gewichtes ist das Kilogramm. Es ist das Gewicht von 1 Liter 1 cdm) Wasser bei 4° Celsius.

1 Kilogramm (kg) = 1000 Gramm (g),
1 Tonne (t) = 1000 kg,
1 Pfund (Pfd.) = $\frac{1}{2}$ kg = 500 g,
1 Zentner (Ztr.) = 100 Pfd. = 50 kg.

1. Schreibe nach Diktat in dezimaler Form: a) nebeneinander; b) untereinander. 1 kg 500 g, 5 kg 70 g, 58 kg 7 g, 9 kg 99 g, 30 g, 7 g, 866 kg 6 g; c) zähle zusammen!

2. Verwandle in Kilogramm: 4268,2, 3654, 726,1, 486, 67,5, 85, 6,7, 8, 36,04, 342, 7,2 g!

3. Verwandle in Tonnen: 8723,5, 9613, 624,2, 483, 500, 42,3, 86, 9,2, 6 kg!

4. Verwandle in Pfund: 20, 350, 623,5, 268,5, 8005, 45,4, 250,8, 67, 0,8 0,75 kg!

5. Verwandle in Zentner: 450, 565, 360,5, 1250, 862,5, 62,5, 24,25, 758,3, 3050, 1000 kg!

6. Verwandle in Zentner: 1, 10, 20, 25, 30, 36, 48, 35,5, 68,2, 75,3, 80,25 t!

7. Ein Eisenbahnwagen hat 15 t Ladegewicht. Wieviel eiserne Träger zu 650 kg können verladen werden?

8. Eine Firma bestellt für ihre Arbeiter 5 Waggon Kartoffeln mit je 10 t Ladegewicht. Wieviel Zentner sind das?

9. Eine Dampfmaschine verbraucht täglich 450 kg Kohlen. Bestimme den Verbrauch in Tonnen für 1 Jahr! (300 Arbeitstage.)

10. Auf der Wiegeschale einer Dezimalwage stehen: ein 5 kg, ein 2 kg und ein 350 g Gewichtsstein. Wie schwer ist der abgewogene Gegenstand?

11. Ein Quadrateisen von 10 mm Stärke und 1 m Länge wiegt 0,79 kg. a) Wieviel wiegen 10 m? b) Wieviel wiegt 1 m Quadrateisen von 20 mm Stärke? c) Wieviel wiegt 1 m Flacheisen von 20 × 10 mm?

12. Ein Meter Quadrateisen wiegt 2,01 kg. Wieviel wiegen 1,325 m?

13. Der Kohlenverbrauch eines mittleren Schmiedefeuers beträgt stündlich 3 kg. Wie hoch ist der Verbrauch bei 8stündiger Arbeitszeit: a) pro Tag; b) pro Woche; c) pro Jahr?
Der Koksverbrauch würde nur 1,75 kg pro Stunde betragen. Wie hoch ist der Jahresverbrauch?

Gewichts- und Preisberechnung von Walzeisen mit Hilfe von Tabellen.

Die Preise für Walzeisen (Stabeisen, Formeisen, Bleche) werden aus den Grund- und Überpreisen berechnet. Die Grundpreise richten sich nach der Marktlage. Die Überpreise werden nach der Güte des Materials und nach der Schwierigkeit der Herstellung berechnet. Beide sind aus den Preislisten ersichtlich, die von den Eisenhändler-Verbänden herausgegeben werden. In den nachfolgenden Tabellen sind die Grund- und Überpreise des Eisenhändler-Verbandes Düsseldorf nach dem Stande vom 30. 5. 24 eingesetzt. Da dieselben jedoch in der heutigen Zeit fortwährenden Schwankungen unterworfen sind, ist es zweckmäßig, sich dem jeweiligen Stand der Preise bei der Lösung nachstehender Aufgaben anzupassen.

1. Bestimme das Gewicht von 1 m ▭-Eisen:

a)	b)	c)	d)	e)	f)
15 · 5;	35 · 5;	45 · 5;	120 · 8;	300 · 10;	60 · 8
20 · 4	35 · 12	45 · 8	120 · 12	350 · 12	70 · 10
20 · 8	40 · 4	50 · 6	150 · 10	400 · 8	120 · 10
30 · 6	40 · 6	50 · 10	180 · 6	450 · 12	420 · 8
30 · 10	40 · 12	50 · 12	200 · 8	500 · 12	650 · 12

2. Berechne den Preis für 100 kg Flacheisen bei vorstehenden Abmessungen!

3. Bestimme das Gewicht von 1 m

a) □-Eisen		b) ○-Eisen	
12 · 12	30 · 30;	13 Φ	26 Φ
16 · 16	40 · 40	16 „	36 „
20 · 20	50 · 50	19 „	60 „
25 · 25	60 · 60	22 „	90 „

4. Berechne den Preis für 100 kg Eisen bei vorstehenden Abmessungen!

5. Bestimme das Gewicht von 1 m

a) ∠-Eisen		b) ∠-Eisen	
40 · 40 · 4	rundkantig;	20 · 20 · 4	scharfkantig
45 · 45 · 7	„	30 · 30 · 4	„
50 · 50 · 9	„	40 · 40 · 4	„
60 · 60 · 6	„	40 · 40 · 6	„
70 · 70 · 9	„	45 · 45 · 7	„
80 · 80 · 12	„	50 · 50 · 5	„

6. Berechne den Preis für 100 kg Winkeleisen bei vorstehenden Abmessungen!

7. Bestimme das Gewicht von 1 m

a) ∠-Eisen		b) ∠-Eisen	
20 · 40 · 4	rundkantig;	20 · 30 · 3	scharfkantig
30 · 45 · 5	„	20 · 40 · 4	„
30 · 60 · 7	„	30 · 45 · 4	„
40 · 80 · 6	„	30 · 60 · 5	„
50 · 75 · 7	„	40 · 60 · 5	„
65 · 100 · 9	„	50 · 75 · 7	„

8. Berechne den Preis für 100 kg Winkeleisen bei vorstehenden Abmessungen!

1. Flacheisen.

Gewicht in kg für 1 m.

Dicke in mm	Breite in mm 10	12	14	15	16	18	20	22	24	25	30	35	40	45	50
1	0,08	0,09	0,11	0,12	0,13	0,14	0,16	0,17	0,19	0,20	0,24	0,28	0,31	0,35	0,39
2	0,16	0,19	0,22	0,24	0,25	0,28	0,31	0,35	0,38	0,39	0,47	0,55	0,63	0,71	0,79
3	0,24	0,28	0,33	0,35	0,38	0,42	0,47	0,52	0,57	0,59	0,71	0,82	0,94	1,06	1,18
4	0,31	0,38	0,44	0,47	0,50	0,57	0,63	0,69	0,75	0,79	0,94	1,10	1,26	1,41	1,57
5	0,39	0,47	0,55	0,59	0,63	0,71	0,79	0,86	0,94	0,98	1,18	1,37	1,57	1,77	1,96
6	0,47	0,57	0,66	0,71	0,75	0,85	0,94	1,04	1,13	1,18	1,41	1,65	1,88	2,12	2,36
7	0,55	0,66	0,77	0,82	0,88	0,99	1,10	1,21	1,32	1,37	1,65	1,92	2,20	2,47	2,75
8	0,63	0,75	0,88	0,94	1,01	1,13	1,26	1,38	1,51	1,57	1,88	2,20	2,51	2,83	3,14
9	0,71	0,85	0,99	1,06	1,13	1,27	1,41	1,55	1,70	1,77	2,12	2,47	2,83	3,18	3,53
10	0,79	0,94	1,10	1,18	1,26	1,41	1,57	1,73	1,88	1,96	2,36	2,75	3,14	3,53	3,93
11	0,86	1,04	1,21	1,30	1,38	1,55	1,73	1,90	2,07	2,16	2,59	3,02	3,45	3,89	4,32
12	0,94	1,13	1,32	1,41	1,51	1,70	1,88	2,07	2,26	2,36	2,83	3,30	3,77	4,24	4,71
13	1,02	1,23	1,43	1,53	1,63	1,84	2,04	2,25	2,45	2,55	3,06	3,57	4,08	4,59	5,10
14	1,10	1,32	1,54	1,65	1,76	1,98	2,20	2,42	2,64	2,75	3,30	3,85	4,40	4,95	5,50
15	1,18	1,41	1,65	1,77	1,88	2,12	2,36	2,59	2,83	2,94	3,53	4,12	4,71	5,30	5,89
16	1,26	1,51	1,76	1,88	2,01	2,26	2,51	2,76	3,01	3,14	3,77	4,40	5,02	5,65	6,28
17	1,34	1,60	1,87	2,00	2,14	2,40	2,67	2,94	3,20	3,34	4,00	4,67	5,34	6,01	6,67
18	1,41	1,70	1,98	2,12	2,26	2,54	2,83	3,10	3,39	3,53	4,24	4,95	5,65	6,36	7,07
19	1,49	1,79	2,09	2,24	2,39	2,69	2,98	3,28	3,58	3,73	4,47	5,22	5,97	6,71	7,46
20	1,57	1,88	2,20	2,36	2,51	2,83	3,14	3,45	3,77	3,93	4,71	5,50	6,28	7,07	7,85
21	1,65	1,98	2,31	2,47	2,64	2,97	3,30	3,63	3,96	4,12	4,95	5,77	6,59	7,42	8,24
22	1,73	2,07	2,42	2,59	2,76	3,11	3,45	3,80	4,15	4,32	5,18	6,05	6,91	7,77	8,64
23	1,81	2,17	2,53	2,71	2,89	3,25	3,61	3,97	4,33	4,52	5,42	6,32	7,22	8,13	9,03
24	1,88	2,26	2,64	2,83	3,01	3,39	3,77	4,15	4,53	4,71	5,65	6,59	7,54	8,48	9,42
25	1,96	2,36	2,75	2,94	3,14	3,53	3,93	4,32	4,71	4,91	5,89	6,87	7,85	8,83	9,81

Grundpreis für 100 kg 18,50 M

Überpreise für 100 kg

Breite	Dicke	M
10 mm bis unter 13 mm	4 mm bis unter 5 mm	12,00
	5 · · · 6,5 ·	8,80
	6,5 · · · 10 ·	5,30
	10 · und dicker	5,00
13 mm bis unter 20 mm	4 mm bis unter 5 mm	8,00
	5 · · · 6,5 ·	5,00
	6,5 · · · 10 ·	2,50
	10 · und dicker	1,30
20 mm bis unter 26 mm	4 mm bis unter 5 mm	6,00
	5 · · · 6,5 ·	2,50
	6,5 · · · 10 ·	1,30
	10 · und dicker	0,70
26 mm bis unter 106 mm	4 mm bis unter 5 mm 5 · · · 6,5 · 6,5 · und dicker	1,30
106 mm bis unter 131 mm	5 mm bis unter 6,5 mm 6,5 · · · 10 ·	2,50
	10 · · · 30 ·	1,90
131 mm und breiter	5 mm bis unter 6,5 mm	4,40
	6,5 · · · 9 ·	2,50
	9 · · · 30 ·	1,30
	30 · · · 50 ·	—

Anmerkung: Bei Abmessungen, die nicht ohne weiteres in der Tabelle enthalten sind, wird das Gewicht durch Zusammensetzung gefunden, z. B.:

120 · 10 siehe 12 · 10;
90 · 8 · 45 · 8.

Beispiele:

100 kg ▭ 18 · 5 kosten
18,50 + 5,00 = 23,50 M,

100 kg ▭ 45 · 20 kosten
18,50 + 1,30 = 19,80 M,

100 kg ▭ 120 · 8 kosten
18,50 + 2,50 = 21,00 M,

100 kg ▭ 200 · 12 kosten
18,50 + 1,30 = 19,80 M.

2. Quadrat- u. Rundeisen. ■ ●

Dicke in mm	Gewicht in kg für 1 m □	Gewicht in kg für 1 m ○	Grundpreis für 100 kg 18,50 ℳ – Überpreis für 100 kg □	Überpreis für 100 kg ○
5	0,20	0,15	7,50	7,50
6	0,28	0,22	5,00	5,00
7	0,38	0,30		
8	0,50	0,39	2,50	2,50
9	0,64	0,50		
10	0,79	0,62	1,90	1,90
11	0,95	0,75		
12	1,13	0,89	1,30	1,30
13	1,33	1,04		
14	1,54	1,21	1,00	1,00
15	1,77	1,39		
16	2,01	1,58	0,70	0,70
17	2,27	1,78		
18	2,54	2,00		
19	2,83	2,23		
20	3,14	2,46	—	—
21	3,46	2,72		
22	3,80	2,98		
23	4,15	3,26		
24	4,52	3,55		
25	4,91	3,85		
26	5,31	4,17		
27	5,72	4,50		
28	6,15	4,83		
29	6,60	5,18		
30	7,07	5,55		
32	8,04	6,31		
34	9,07	7,13		
36	10,17	7,99		
38	11,34	8,90		
40	12,56	9,86		
42	13,85	10,88		
44	15,20	11,94		
46	16,61	13,05		
48	18,09	14,21		
50	19,63	15,41		
60	28,26	22,20		
70	38,47	30,21		
80	50,24	39,46		
90	63,59	49,94	0,70	0,70

3. Winkeleisen. ∟

gleichschenklig rundkantig — Grundpreis für 100 kg 18,50 ℳ

Schenkelbreite	Schenkeldicke	Gewicht in kg für 1 m	Überpreis für 100 kg
15	3	0,64	10,00
	4	0,82	7,50
20	3	0,88	7,20
	4	1,14	5,70
25	3	1,12	5,70
	4	1,45	4,40
30	4	1,78	3,80
	6	2,57	2,50
35	4	2,10	3,20
	6	3,04	2,60
40	4	2,42	2,50
	6	3,52	1,30
	8	4,55	0,70
45	5	3,38	1,00
	7	4,60	—
	9	5,75	
50	5	3,77	
	7	5,15	
	9	6,47	
55	6	4,95	
	8	6,46	
	10	7,90	
60	6	5,42	
	8	7,09	
	10	8,69	
65	7	6,83	
	9	8,62	
	11	10,34	
70	7	7,38	
	9	9,34	
	11	11,23	
75	8	9,03	
	10	11,07	
	12	13,11	
80	8	9,66	
	10	11,86	
	12	14,05	
90	9	12,17	
	11	14,68	
	13	17,11	

4. Winkeleisen. ∟

ungleichschenklig rundkantig — Grundpreis für 100 kg 18,50 ℳ

Schenkelbreite		Schenkeldicke	Gewicht in kg für 1 m	Überpreis für 100 kg
20	30	3	1,11	7,50
		4	1,45	6,90
20	40	3	1,35	6,30
		4	1,77	4,80
30	45	4	2,55	3,80
		5	2,77	3,20
30	60	5	3,37	2,80
		7	4,59	1,90
40	60	5	3,76	
		7	5,14	1,30
40	80	6	5,41	1,60
		8	7,07	1,00
50	75	7	6,54	
		9	8,24	
50	100	8	9,03	0,90
		10	11,07	
65	100	9	11,15	0,70
		11	13,45	
65	130	10	14,60	1,00
		12	17,35	
80	120	10	14,99	1,00
		12	17,82	
100	150	12	22,53	1,30
		14	26,06	

Die Gewichte für scharfkantige Winkeleisen sind annähernd die gleichen wie für rundkantige Winkeleisen.

Beispiele:

100 kg ∢ 40 · 40 · 6 rundkantig kosten: 18,50 + 1,30 = 19,80 ℳ
100 „ ∢ 35 · 35 · 4 „ „ : 18,50 + 3,20 = 21,70 „

5. Hochstegige T-Eisen.

Grundpreis für 100 kg 18,00 ℳ

Fußbreite	Steghöhe	Mittlere Dicke	Gewicht in kg für 1 m	Überpreis für 100 kg
20	20	3	0,88	9,40
25	25	3,5	1,29	7,50
30	30	4	1,77	5,00
35	35	4,5	2,33	4,40
40	40	5	2,96	3,80
45	45	5,5	3,67	3,20
50	50	6	4,44	
60	60	7	6,23	
70	70	8	8,32	2,50
80	80	9	10,68	
90	90	10	13,42	
100	100	11	16,41	

6. Breitflanschige T-Eisen.

Grundpreis für 100 kg 18,00 ℳ

Fußbreite	Steghöhe	Mittlere Dicke	Gewicht in kg für 1 m	Überpreis für 100 kg
60	30	5,5	3,64	5,00
70	35	6	4,66	4,40
80	40	7	6,21	3,80
90	45	8	8,01	
100	50	8,5	9,42	3,20
120	60	10	13,35	

7. I-Eisen, Normalprofile.

Grundpreis für 100 kg 18,00 ℳ

Nr.	Höhe	Breite	Stegdicke	Flanschdicke	Gewicht in kg für 1 m	Überpreis für 100 kg
8	80	42	3,9	5,9	5,95	
9	90	46	4,2	6,3	7,07	0,40
10	100	50	4,5	6,8	8,32	
11	110	54	4,8	7,2	9,66	
12	120	58	5,1	7,7	11,15	
13	130	62	5,4	8,1	12,64	
14	140	66	5,7	8,6	14,37	
15	150	70	6,0	9,0	16,10	0,30
16	160	74	6,3	9,5	17,90	
17	170	78	6,6	9,9	19,78	
18	180	82	6,9	10,4	21,90	
19	190	86	7,2	10,8	24,02	
20	200	90	7,5	11,3	26,30	
21	210	94	7,8	11,7	28,57	
22	220	98	8,1	12,2	31,09	
23	230	102	8,4	12,6	33,52	
24	240	106	8,7	13,1	36,19	
25	250	110	9,0	13,6	39,01	—
26	260	113	9,4	14,1	41,92	
27	270	116	9,7	14,7	44,90	
28	280	119	10,1	15,2	47,96	
29	290	122	10,4	15,7	50,95	
30	300	125	10,8	16,2	54,24	
32	320	131	11,5	17,3	61,07	0,30
34	340	137	12,2	18,3	68,14	
36	360	143	13,0	19,5	76,22	

8. I-Eisen, Spezialprofile.

Grundpreis für 100 kg 18,00 ℳ

Nr.	Höhe	Breite	Stegdicke	Flanschdicke		Gewicht in kg für 1 m	Überpreis für 100 kg
18 B	180	180	8,5	9,0	16,7	47,0	
20 „	200	200	8,5	9,5	18,1	55,3	
22 „	220	220	9,5	10,0	19,6	64,8	0,70
24 „	240	240	10,5	10,6	20,9	76,0	
25 „	250	250	10,5	10,9	21,7	82,5	
26 „	260	260	11,0	11,7	22,9	90,7	
27 „	270	270	11,3	12,0	23,6	96,7	
28 „	280	280	11,5	12,4	24,4	103,4	1,00
29 „	290	290	12,0	12,7	25,2	110,8	
30 „	300	300	12,5	13,3	26,3	119,4	
32 „	320	300	13,0	14,1	27,0	126,2	1,30
34 „	340	300	13,4	14,6	27,5	131,4	
36 „	360	300	14,2	16,2	29,0	142,5	
38 „	380	300	14,8	17,0	29,8	150,1	1,90
40 „	400	300	15,5	18,2	31,0	159,8	

9. ⊐-Eisen, Normalprofile.

Grundpreis für 100 kg 18,00 ℳ

Nr.	Höhe	Breite	Stegdicke	Flanschdicke	Gewicht in kg für 1 m	Überpreis für 100 kg
5	50	38	5	7	5,59	
6½	65	42	5,5	7,5	7,09	1,00
8	80	45	6	8	8,64	
10	100	50	6	8,5	10,60	
12	120	55	7	9	13,35	
14	140	60	7	10	16,01	
16	160	65	7,5	10,5	18,84	
18	180	70	8	11	21,98	0,90
20	200	75	8,5	11,5	25,28	
22	220	80	9	12,5	29,36	
24	240	85	9,5	13	33,21	

Beispiele:

100 kg ⊥ 50 · 50 · 6 kosten: 18,00 + 2,50 = 20,50 ℳ
100 „ ⊥ 70 · 35 · 6 „ : 18,00 + 4.40 = 22,40 „

100 kg I NP 16 kosten: 18,00 + 0,30 = 18,30 ℳ
100 „ ⊐ NP 18 „ : 18,00 + 0,90 = 18,90 „

10. Eisenbleche.

Normale Tafelgröße { 2000 × 1000 mm, 2500 × 1250 „, 1600 × 800 „ }

Grundpreis für 100 kg { Stärke 5,5—5 = 21,50 M; „ 4,5—2,75 = 23,00 „; „ 2,5—0,375 = 28,00 „ }

Nummer nach der deutschen Blechlehre	Stärke in mm	Gewicht in kg für 1 qm	Überpreis in % vom Grundpreis
1	5,5	44	7 %
2	5	40	
3	4,5	36	—
4	4,25	34	
5	4	32	
6	3,75	30	
7	3,5	28	
8	3,25	26	
9	3	24	
10	2,75	22	
11	2,5	20	5 „
12	2,25	18	
13	2	16	
14	1,75	14	8 „
15	1,5	12	
16	1,375	11	10 „
17	1,25	10	
18	1,125	9	15 „
19	1	8	
20	0,875	7	20 „
21	0,75	6	25 „
22	0,625	5	35 „
23	0,562	4,5	40 „
24	0,5	4	50 „
25	0,438	3,5	65 „
26	0,375	3	80 „

11. Kupfer- u. Messingbleche.

Gewicht in kg für 1 qm			Preis für 1 kg	
Stärke in mm	Kupfer	Messing	Kupfer	Messing
0,25	2,23	2,15	2,50 M	2,10 M
0,5	4,47	4,30		
0,75	6,70	6,45		
1	8,94	8,60	2,20 „	2,00 „
1,25	11,17	10,75		
1,5	13,41	12,90		
1,75	15,64	15,05		
2	17,88	17,20		
2,5	22,35	21,50	2,00 „	1,80 „
3	26,82	25,80		
3,5	31,29	30,10		
4	35,76	34,40		
4,5	40,23	38,70	1,80 „	1,75 „
5	44,70	43,00		

12. Bleibleche (gewalzt).

Stärke in mm	Gewicht in kg für 1 qm	Preis für 1 kg
0,5	5,70	1,30 M
1	11,40	
1,25	14,20	1,20 „
1,5	17,10	
1,75	20,00	
2	22,80	1,00 „
2,25	25,60	
2,5	28,50	
2,75	31,30	
3	34,20	

13. Schmiedeeiserne Gasrohre.

Innerer Durchmesser in engl. Zoll	Innerer Durchmesser in mm	Äußerer Durchmesser	Gewicht in kg für 1 m
1/4	6,5	13	0,60
3/8	10	17	0,80
1/2	13	20	1,15
5/8	16	23	1,50
3/4	19	26	1,65
7/8	23	30	2,25
1	25,5	33,5	2,50
1 1/4	32	41	3,25
1 1/2	38	47	3,90
1 3/4	44	53	4,50
2	51	60	5,60
2 1/2	63,5	76	7,30
3	76	89	8,70

14. Schraubentabelle (Witworth-Gewinde).

Gewinde ⌀ in engl. Zoll	Bolzen ⌀ in mm	Kern ⌀ in mm	Kernquerschnitt in qcm	Höhe der Mutter	Höhe des Kopfes	Schlüsselweite in mm	Unterlagscheiben ⌀	Scheibendicke
1/4	7	4,7	0,18	6	4	13	20	1,5
5/16	8	6,1	0,30	8	6	16	21	1,5
3/8	10	7,5	0,44	10	7	19	22	2
7/16	12	8,8	0,61	11	8	21	28	3
1/2	13	10,0	0,78	13	9	23	29	4
5/8	16	12,9	1,31	16	11	27	36	4
3/4	19	15,8	1,96	19	13	33	44	5
7/8	22	18,6	2,72	22	15	36	50	5
1	26	21,3	3,57	25	18	40	56	6
1 1/8	29	23,9	4,50	29	20	45	62	6
1 1/4	32	27,1	5,77	32	22	50	68	7
1 3/8	35	29,5	6,84	35	24	54	74	7
1 1/2	38	32,7	8,39	38	27	58	80	8

9. Bestimme das Gewicht von 1 m

⊥-Eisen	25 · 25	60 · 60	⊥-Eisen 60 · 30	90 · 45
	35 · 35	90 · 90	70 · 35	120 60
	45 · 45		80 · 40	

10. Berechne den Preis für 100 kg Eisen bei vorstehenden Abmessungen!

11. Bestimme das Gewicht von 1 m Träger:
Normalprofil Nr. 8, 12, 18, 24, 30, 36,
Spezialprofil Nr. 18B, 24, 28, 30, 32, 40.

12. Berechne den Preis für 100 kg Eisen bei vorstehenden Abmessungen!

13. Bestimme das Gewicht von 1 m
⊐-Eisen Nr. $6\frac{1}{2}$, 8, 12, 16, 24.

14. Berechne den Preis für 100 kg Eisen bei vorstehenden Abmessungen!

15. Bestimme das Gewicht von 1 qm

Eisenblech $\frac{1}{2}$ mm stark,	Kupferblech $\frac{1}{4}$ mm stark
„ 1 „ „	„ $\frac{3}{4}$ „ „
„ 2 „ „	„ $1\frac{1}{2}$ „ „
„ $2\frac{1}{2}$ „ „	Bleiblech $\frac{1}{2}$ mm stark
„ 5 „ „	„ 1 „ „
„ 8 „ „	„ $1\frac{1}{4}$ „ „

16. Berechne den Preis für 100 kg Eisenblech bei vorstehenden Stärken!

17. Bestimme den inneren Durchmesser in mm

von $\frac{3}{8}$" Gasrohr,	von 1" Gasrohr
„ $\frac{5}{8}$" „	„ $1\frac{1}{2}$" „
„ $\frac{3}{4}$" „	„ 2" „

18. Bestimme den äußeren Durchmesser in mm der vorstehenden Gasrohre!

19. Bestimme das Gewicht von 1 m der vorstehenden Gasrohre!

20. Bestimme a) den Bolzendurchmesser, b) den Kerndurchmesser, c) die Höhe des Kopfes, d) die Schlüsselweite einer Schraube: $\frac{3}{8}$", $\frac{1}{2}$", $\frac{5}{8}$", $\frac{3}{4}$", 1", $1\frac{1}{2}$" Φ in mm!

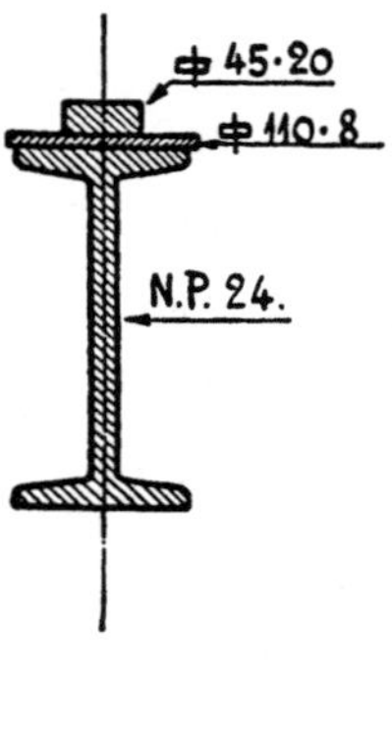

21. a) Bestimme das Gewicht von 42,50 m Laufbahnträger! b) Bestimme den Materialpreis! c) Schlage für Nieten und Schrauben 4 % zum Preis!

22. Für den Verbindungsgang zwischen 2 Werkstätten werden gebraucht:

2	I Nr. 32	je 7200	mm lang,
6	I Nr. 16	„ 1850	„ „
24	∟ 80 · 80 · 10	„ 110	„ „
4	Unterlagen ▭ 250 · 15,	300	mm lang.

a) Bestimme das Gewicht! b) Bestimme den Materialpreis! c) Schlage für Verschnitt und Nieten 5 % zum Preis!

23. Für die seitlichen Schutzgeländer werden gebraucht:

2 ∟ 50 · 50 · 5 je 6700 mm lang, 8 ⊥ 80 · 40 je 1300 mm lang,
4 ∟ 45 · 45 · 5 „ 1450 „ „ 2 ▭ 50 · 8 „ 6700 „ „

a) Bestimme das Gewicht! b) Bestimme den Materialpreis! c) Schlage für Verschnitt und Nieten 6 % zum Preis!

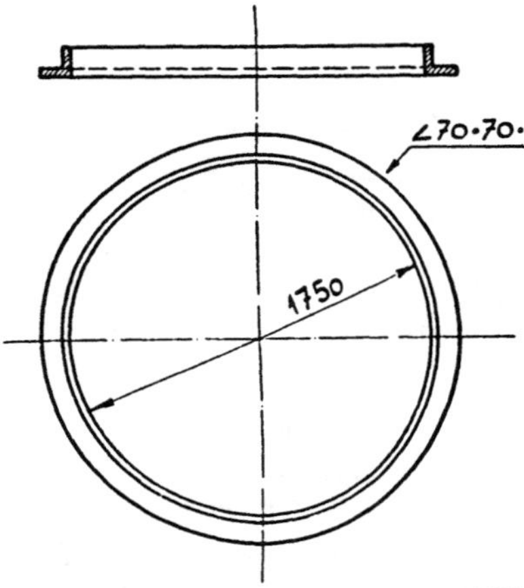

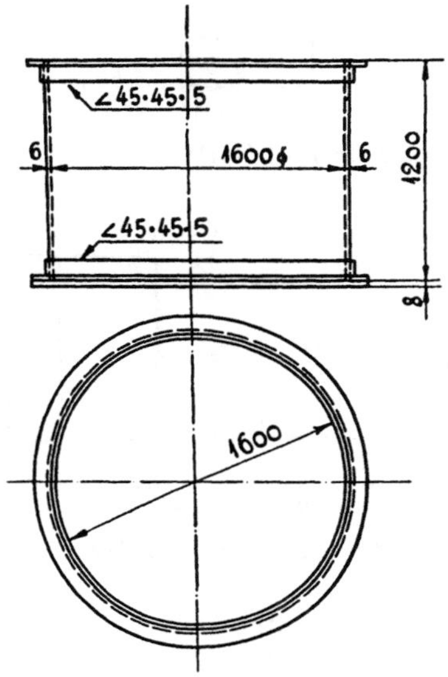

24. a) Bestimme die Länge des Winkeleisens für 1 Ring! (Mittlerer Durchmesser [1750 + 70] mal 3,14.) b) Bestimme das Gewicht für 12 Ringe nach Tabelle! c) Bestimme den Materialpreis! d) Schlage für Verschnitt 4 % zum Preis!

25. a) Bestimme Material und Gewicht für den Wasserbehälter! (1 Bodenplatte, 2 Winkeleisenringe, 1 Mantel.) b) Bestimme den Materialpreis nach Tabelle! c) Schlage für Überlappung und Nieten 15 % zum Preis!

Flächenberechnung.

1. Übersichtliche Wiederholung der Flächenberechnung.

a) Nenne die vorkommenden Flächen!

1. Quadrat, 2. Rechteck, 3. Rhombus, 4. Rhomboid, 5. Trapez, 6. Dreieck, 7. unregelmäßiges Vieleck, 8. regelmäßiges Vieleck, 9. Kreis, 10. Ellipse.

b) Skizziere nach Diktat die genannten Flächen aus freier Hand!

1. Quadrat, 2. Rechteck: a) liegend, b) stehend, 3. Rhombus, 4. Rhomboid: a) liegend, b) stehend, 5. Trapez, 6. Dreieck: a) gleichseitig, b) gleichschenklig, c) rechtwinklig, d) stumpfwinklig, 7. unregelmäßiges Vieleck, 8. regelmäßiges Vieleck: a) Sechseck, b) Achteck, 9. Kreis, 10. Ellipse.

c) Wie finde ich den Quadratinhalt?

1. Quadrat.

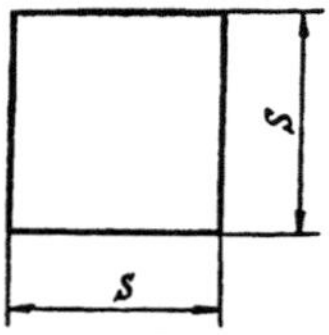

s = Seite.

J = Seite mal Seite.

2. Rechteck.

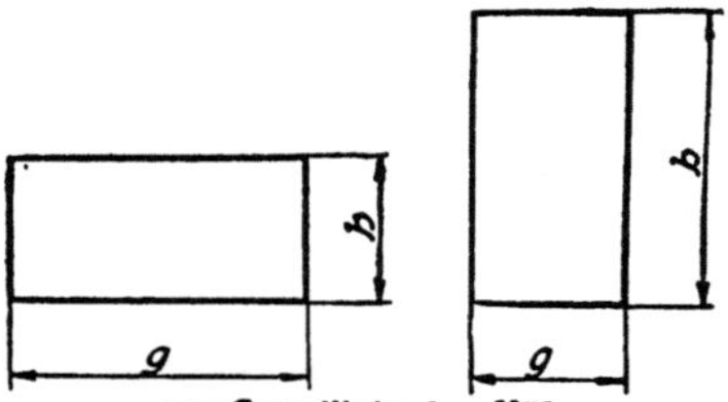

g = Grundlinie; h = Höhe.

J = Grundlinie mal Höhe.

3. Rhombus.
4. Rhomboid.

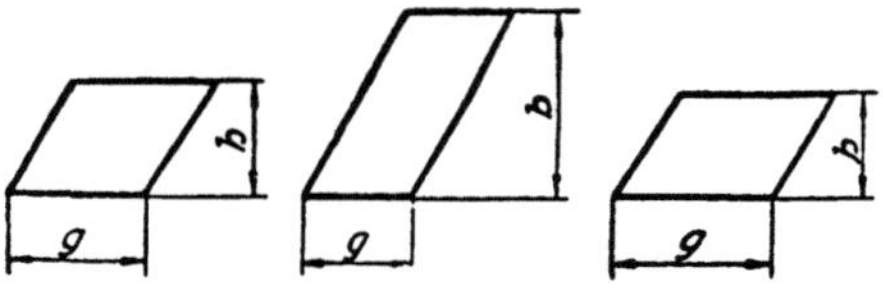

g = Grundlinie; h = Höhe.

J = Grundlinie mal Höhe.

5. Trapez.

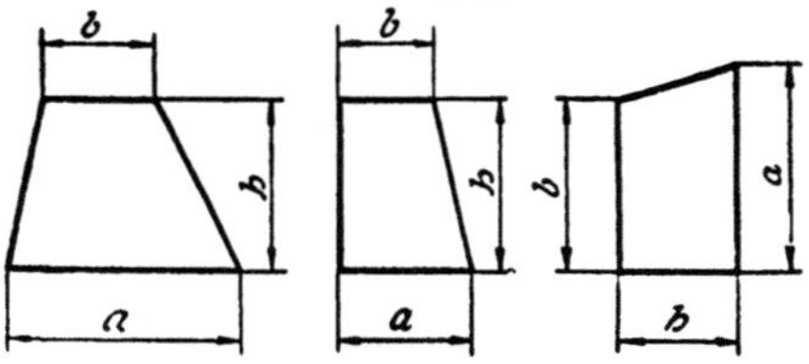

a und b = parallele Seiten; h = Abstand.

J = Summe der beiden parallelen Seiten, geteilt durch 2, mal Abstand.

6. Dreieck.

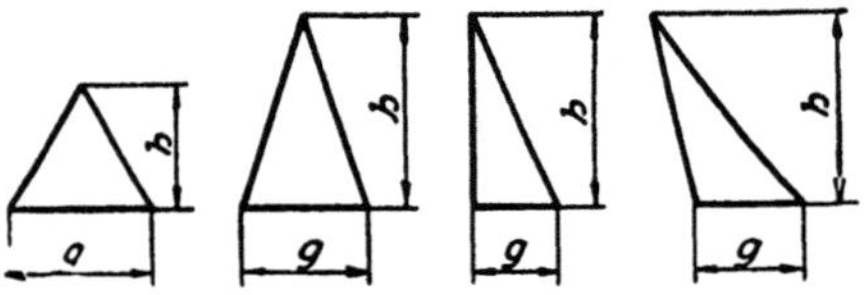

g = Grundlinie; h = Höhe.

J = Grundlinie mal Höhe geteilt durch 2.

7. Unregelmäßiges Vieleck.

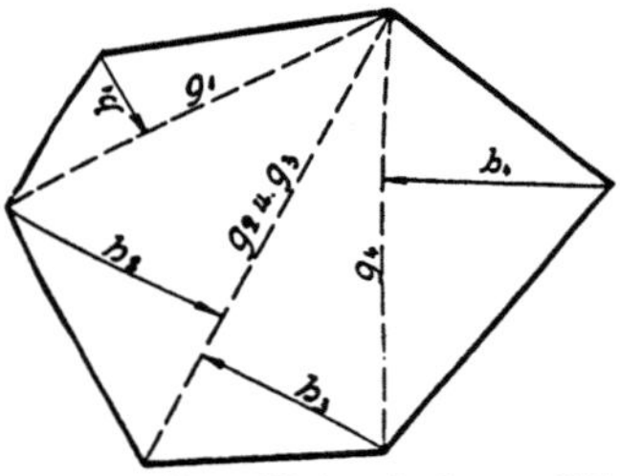

$g_1, g_2 \dots$ = Grundlinien; $h_1, h_2 \dots$ = Höhen.

Es wird von einer Ecke aus in Dreiecke zerlegt und daraus berechnet.

J = Summe der Einzeldreiecke.

8. Regelmäßiges Vieleck.

Sechseck. Achteck.

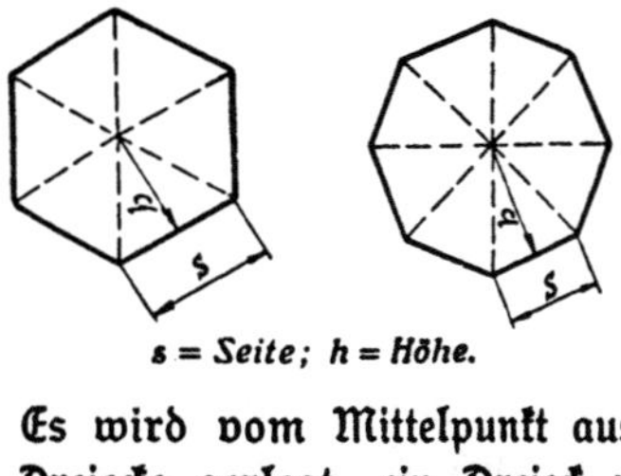

s = Seite; h = Höhe.

Es wird vom Mittelpunkt aus in Dreiecke zerlegt, ein Dreieck wird berechnet und mit der Seitenzahl vervielfacht.

J = Einzeldreieck mal Seitenzahl.

J = Quadratinhalt.

9. Kreis.

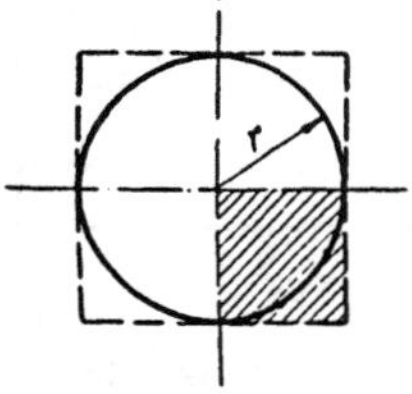

r = Halbmesser.

J = Halbmesser mal Halbmesser mal 3,14; oder: Durchmesser mal Durchmesser mal 3,14 geteilt durch 4.

10. Ellipse.

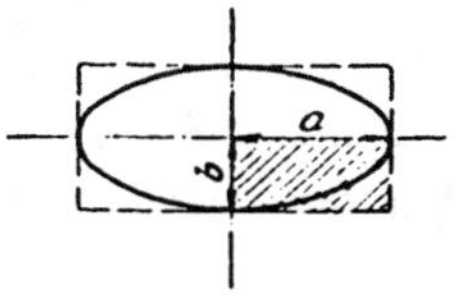

a = halbe große Achse; b = halbe kleine Achse.

J = halbe große Achse mal halbe kleine Achse mal 3,14.

Zur Beachtung: 1. Die Maße der Skizzen sind, wo sonstige Bezeichnung fehlt, in mm angegeben. 2. Die Schlußantworten (nicht Teilantworten) werden wie folgt abgekürzt:

a) Längenmaße: m	auf 2 Dezimalstellen	b) Flächenmaße: qm auf 2 Dezimalstellen
dm	„ 1 Dezimalstelle	qdm „ 1 Dezimalstelle
cm	„ 1 „	qcm „ 1 „
mm	„ — „	qmm „ — „
c) Körpermaße: cbm	auf 3 Dezimalstellen	d) Gewichte: kg auf 1 Dezimalstelle
cdm	„ 2 „	e) Preise: ℳ auf 2 Dezimalstellen.
ccm	„ 1 Dezimalstelle	
cmm	„ — „	

3. Gewichte und Preise sind, wenn möglich, aus den Tabellen zu entnehmen
4. Für die Rechnung auch die Zahlentafeln im Anhang benutzen!

2. Aufgaben zur Flächenberechnung.

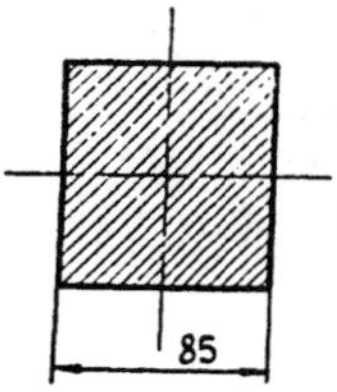

1. Berechne den Querschnitt des Quadrateisens in qcm!

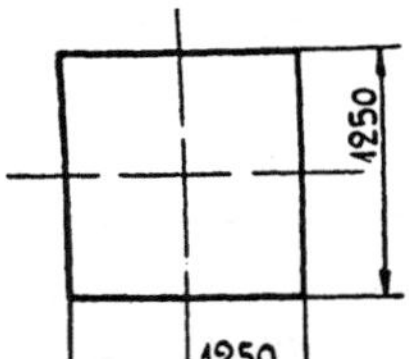

2. Berechne die Grundfläche der Gußplatte in qm!

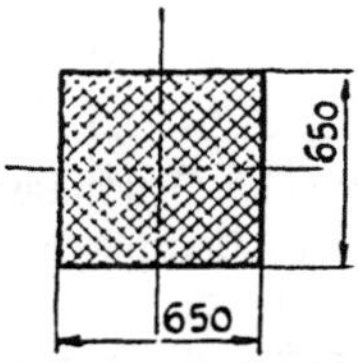

3. Berechne das Riffelblech in qm für 5 quadratische Schachtabdeckungen!

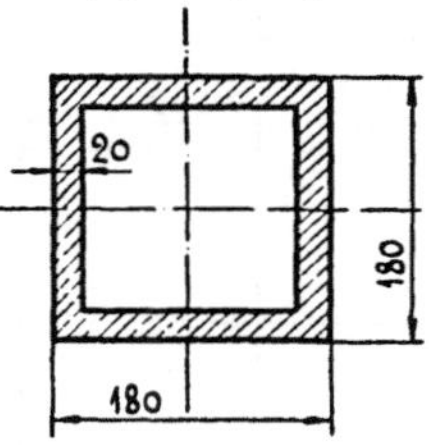

4. a) Bestimme den Materialquerschnitt der gußeisernen Säule! b) Welche Last kann die Säule tragen, wenn für jedes qcm des Querschnittes 500 kg angenommen werden?

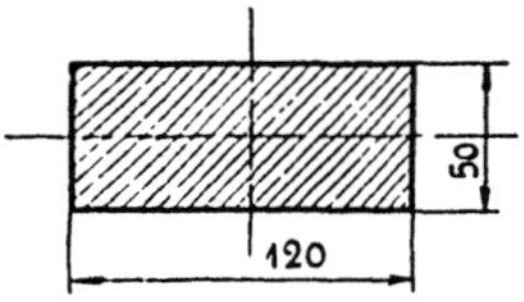

5. Berechne den Querschnitt des Flacheisens in qcm!

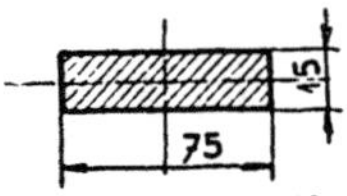

6. Welche Last kann eine flußeiserne Zugstange aus Flacheisen 75 · 15 aufnehmen, wenn jedes qcm des Querschnittes mit 1000 kg belastet werden kann?

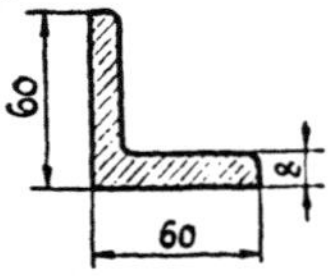

7. Berechne den Querschnitt des scharfkantigen Winkeleisens in qcm!

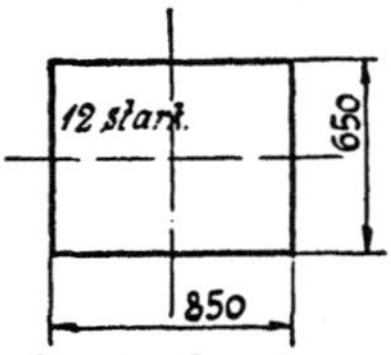

8. a) Berechne die Druckfläche der Säule in qcm! b) Berechne das Blech für 6 Fußplatten in qm! c) Bestimme das Gewicht! d) Schlage 5% für Verschnitt zu! (Material: Flußeisen.)

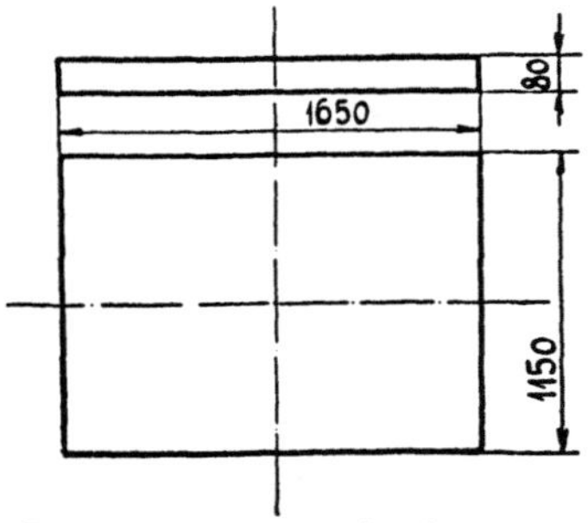

9. Eine Richtplatte soll oben und seitlich behobelt werden. Wieviel qdm sind zu bearbeiten?

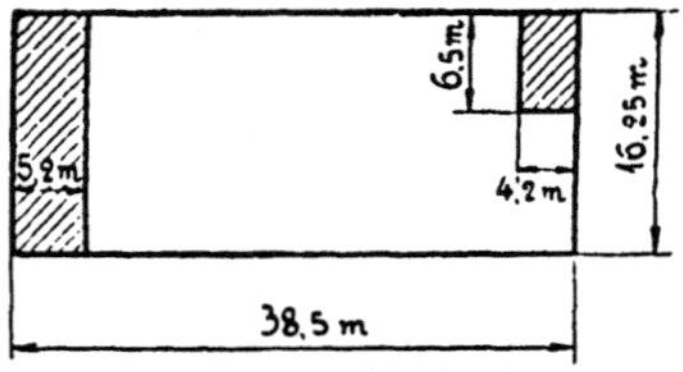

10. Berechne die verbleibende Werkstattfläche nach Abzug von Lager und Büro in qm!

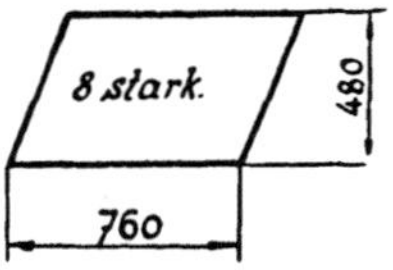

11. a) Berechne das Material für 12 Abdeckplatten in qm! b) Berechne das Gewicht! c) Schlage 8% für Verschnitt zu! (Material: Flußeisen.)

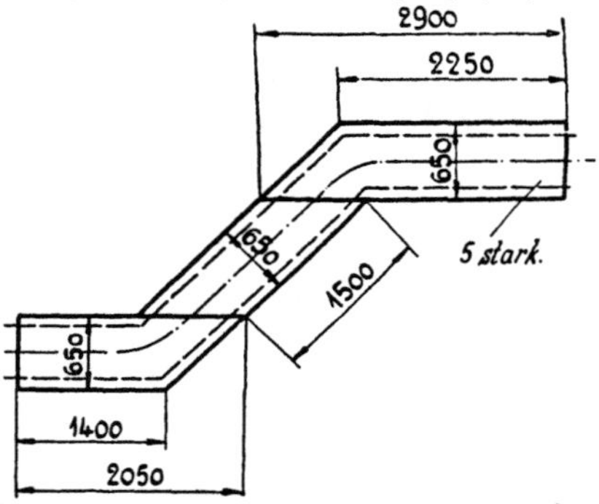

12. a) Berechne das Blech für eine Kanalabdeckung in qm! b) Berechne das Gewicht! (Material: Flußeisen.)

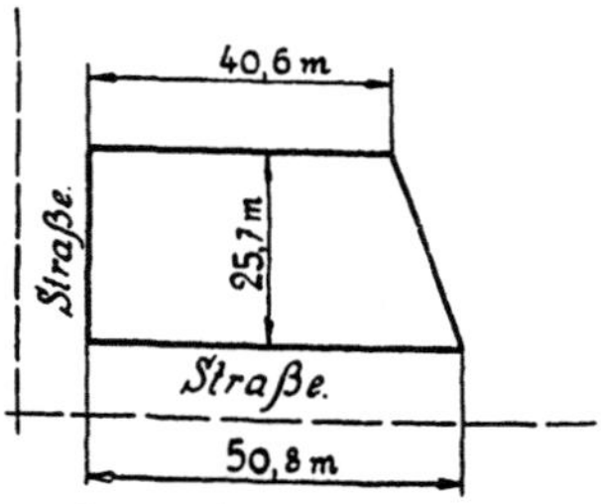

13. Berechne die Größe des Fabrikgrundstücks in qm!

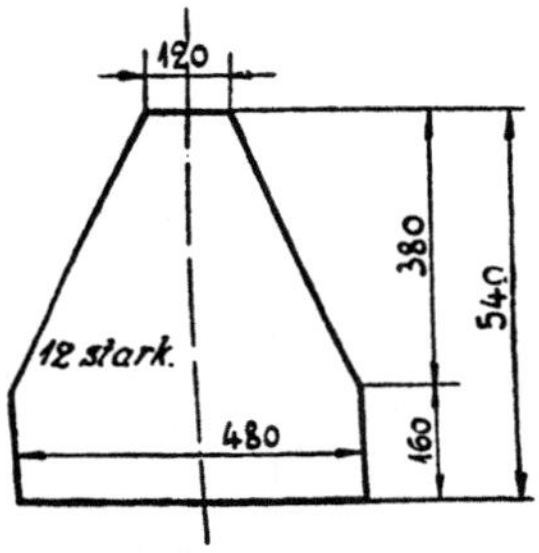

14. a) Berechne das Material für 12 Knotenbleche in qm! b) Bestimme das Gewicht! c) Schlage für Verschnitt 10% zu! (Material: Flußeisen.)

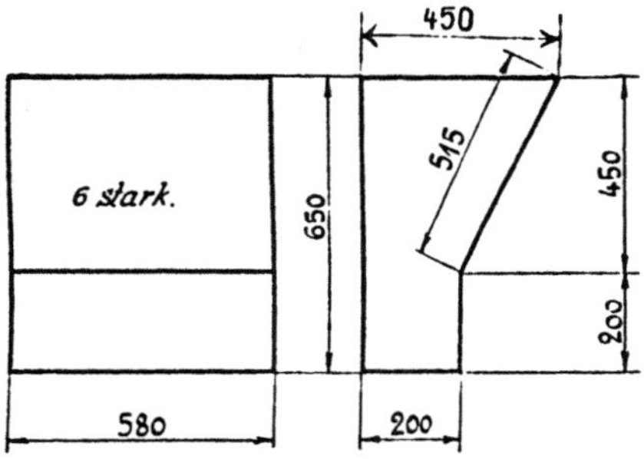

15. a) Berechne das Blech für den Einfülltrichter in qm (oben und unten offen)! b) Bestimme das Gewicht! c) Schlage für Verschnitt 12% zu! (Material: Flußeisen.)

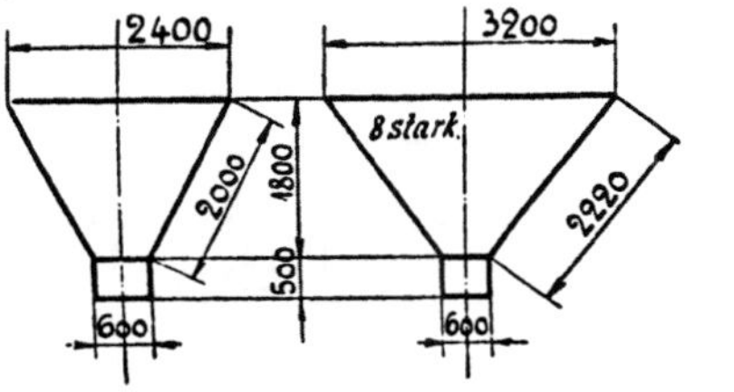

16. a) Berechne das Blech für den Kohlenbunker in qm! (Überlappung bleibt unberücksichtigt; oben und unten offen.) b) Bestimme das Gewicht! c) Schlage für Verschnitt 10% zu! d) Bestimme den Preis für das Blech! (Material: Flußeisen.)

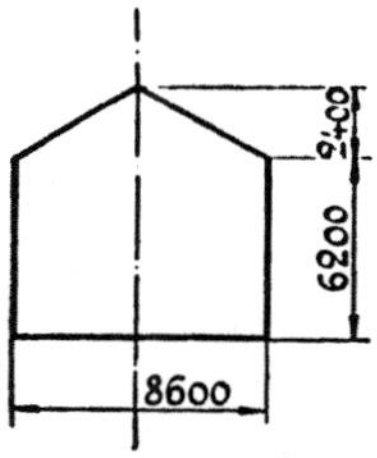

17. Die beiden Giebelseiten einer Werkstätte sollen verputzt werden. a) Bestimme die Fläche in qm! b) Berechne die Kosten! 1 qm kostet 1,80 ℳ.

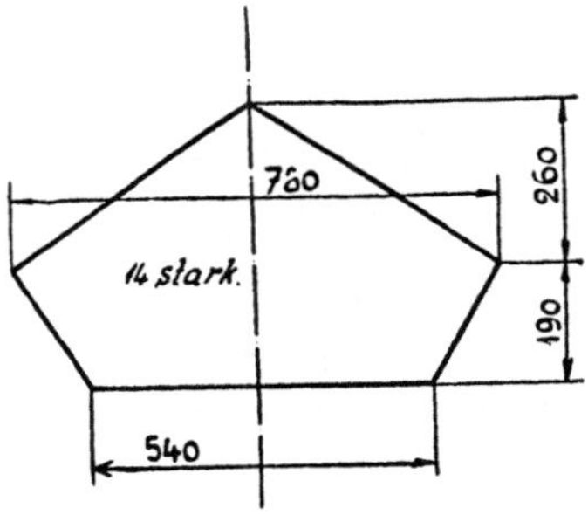

18. a) Berechne das Material für 8 Knotenbleche in qm! b) Bestimme das Gewicht! c) Schlage für Verschnitt 12% zu! (Material: Flußeisen.)

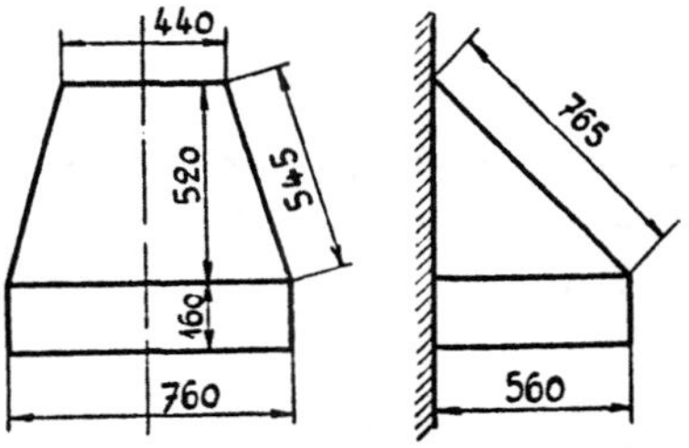

19. a) Berechne das Blech für einen Rauchfang in qm! (Rückseite Mauerwerk). b) Bestimme das Gewicht! c) Schlage für Verschnitt 10% zu! d) Bestimme den Preis für das Blech! (Material: Flußeisen, 2 mm stark.)

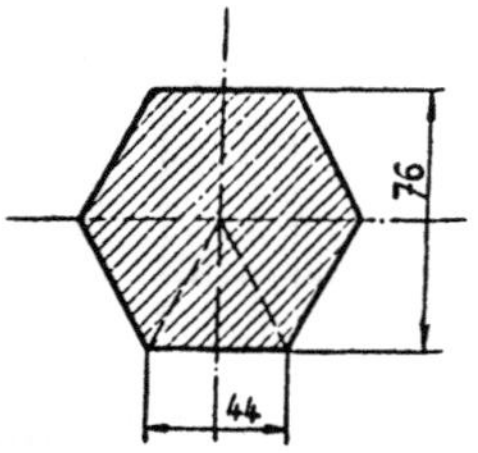

20. Berechne den Querſchnitt des Sechskanteiſens in qcm!

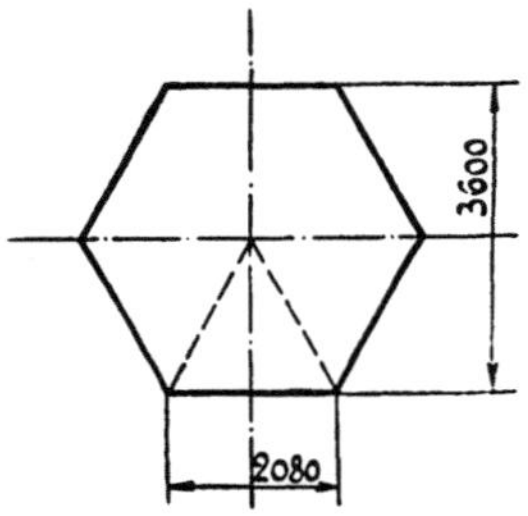

21. Berechne die Bodenfläche einer ſechseckigen Wartehalle in qm!

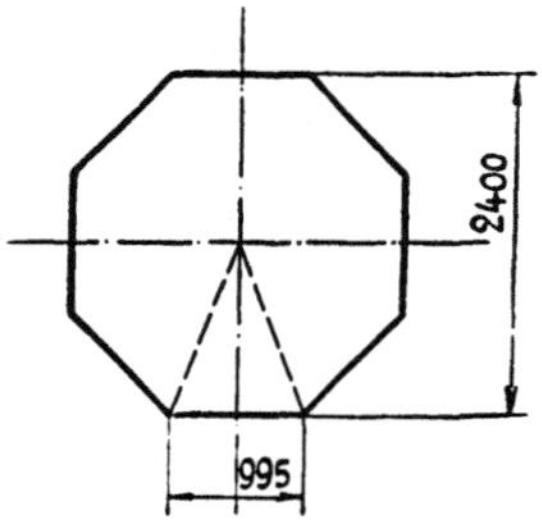

22. Berechne die Grundfläche des achteckigen Sockels am Fabrikſchornſtein in qm!

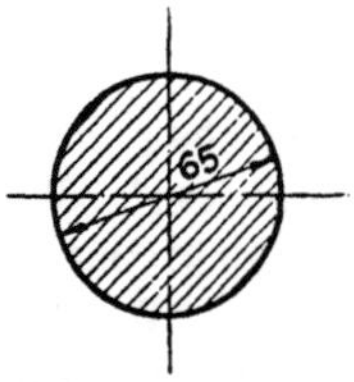

23. Berechne den Querſchnitt der Welle in qcm!

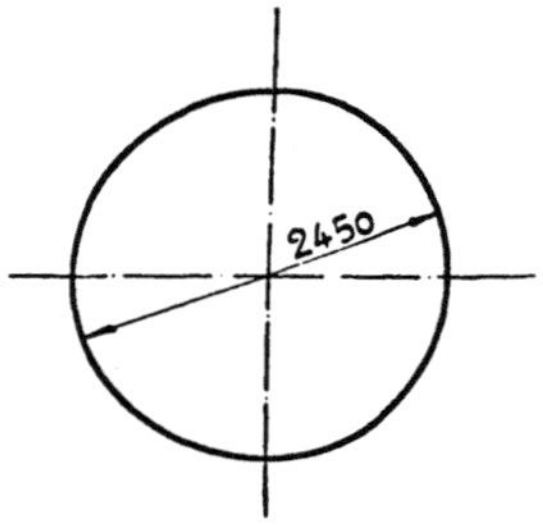

24. Berechne den Umfang des Schwungrades in m!

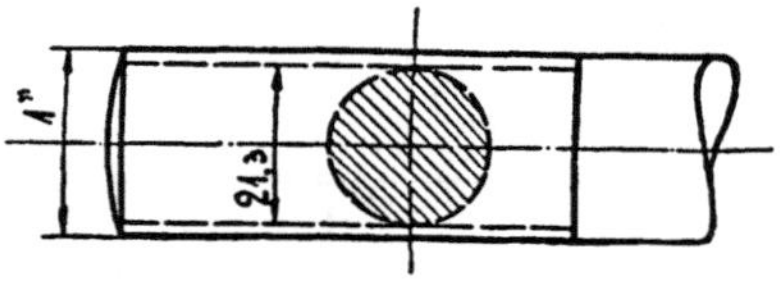

25. Beſtimme den Kernquerſchnitt der 1" Schraube in qcm!

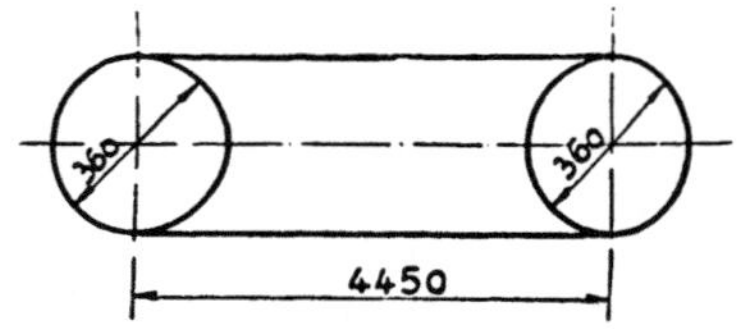

26. Berechne die Länge des Riemens in m!

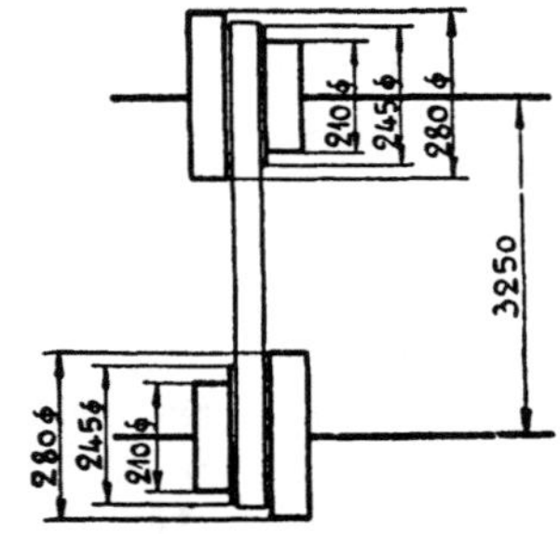

27. Berechne die Länge des Riemens für die Stufenſcheiben in m!

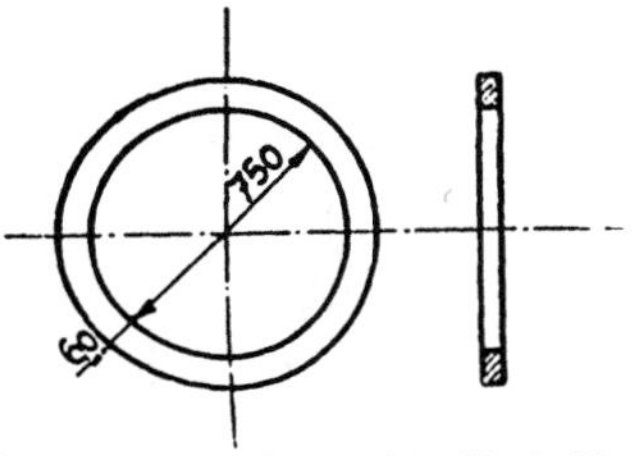

28. Berechne die Länge des Flacheisens für den Versteifungsring eines Kessels in cm! (Mittlerer Durchmesser mal 3,14.)

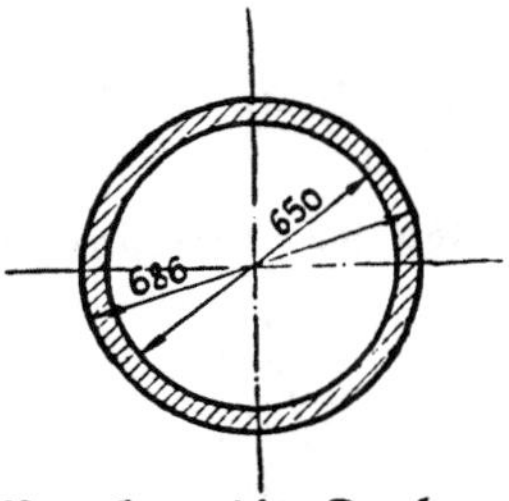

29. a) Berechne die Durchgangsfläche (innerer Querschnitt) des Wasserleitungsrohres in qcm! b) Den Materialquerschnitt in qcm!

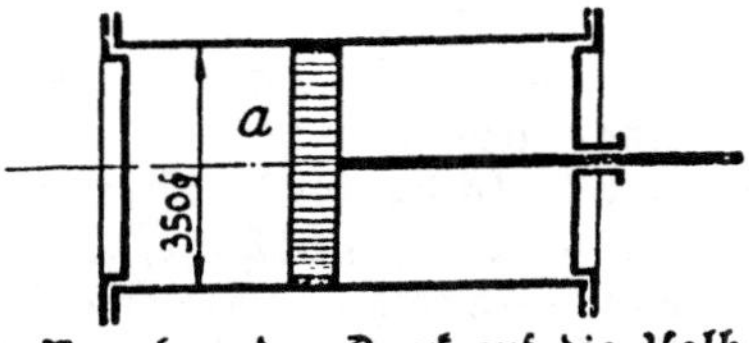

30. Berechne den Druck auf die Kolbenfläche *a* in kg, wenn der Dampf mit 6,5 at in den Zylinder einströmt! (1 at = 1 Atmosphäre = 1 kg auf 1 qcm.)

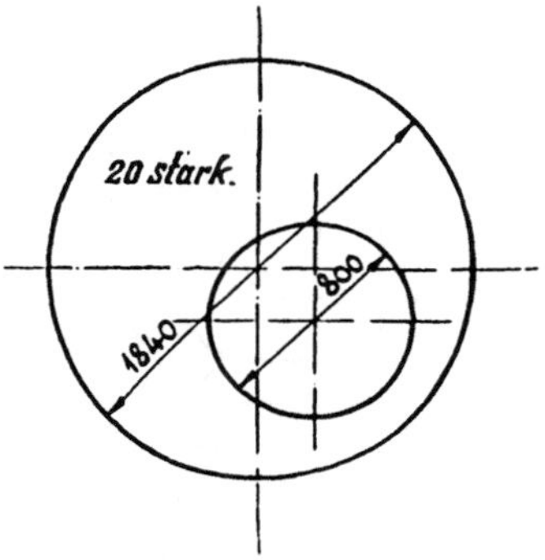

31. a) Berechne das Blech für die Stirnwand eines Flammrohrkessels in qm! b) Das Gewicht des Bleches! c) Schlage für Verschnitt und Überlappung 25% zu! (Material: Flußeisen.)

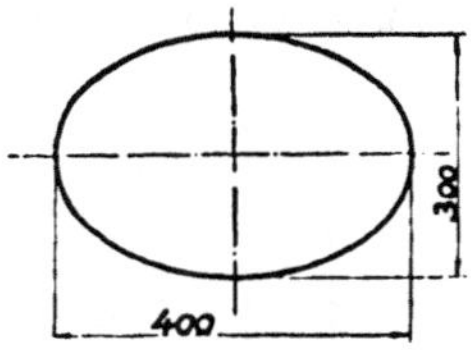

32. Bestimme den Flächeninhalt der Einsteigöffnung am Mannloch eines Dampfkessels in qcm!

Körperberechnung.

1. Übersichtliche Wiederholung der Körperberechnung.

a) **Nenne die vorkommenden Körper!**

1. Würfel, 2. Ecksäule (Prisma), 3. Rundsäule (Walze, Zylinder), 4. Pyramide, 5. Kegel, 6. abgestumpfte Pyramide, 7. abgestumpfter Kegel, 8. Kugel, 9. Faß.

b) **Skizziere nach Diktat die genannten Körper aus freier Hand in Auf- und Grundriß!**

1. Würfel, 2. Ecksäule: a) vierseitig, b) sechsseitig, c) dreiseitig, 3. Rundsäule, 4. Pyramide: a) vierseitig, b) sechsseitig, 5. Kegel, 6. abgestumpfte Pyramide: a) vierseitig, b) sechsseitig, 7. abgestumpfter Kegel, 8. Kugel, 9. Faß.

c) Wie finde ich den Kubikinhalt?

1. Würfel.

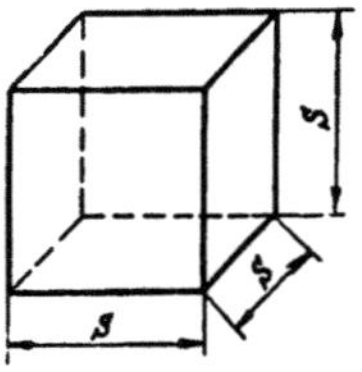

s = Seite.

J = Seite mal Seite mal Seite.

2. Ecksäule oder Prisma.

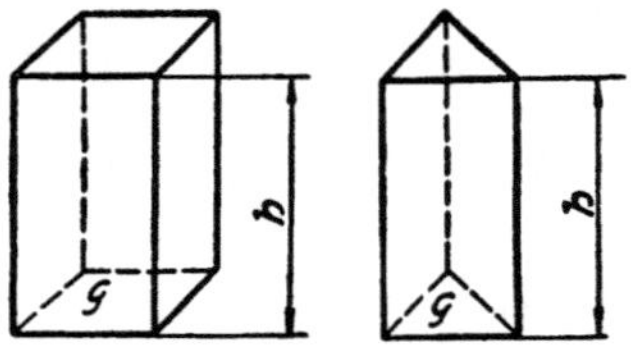

G = Grundfläche; h = Höhe.

J = Grundfläche mal Höhe.

3. Rundsäule, Walze oder Zylinder.

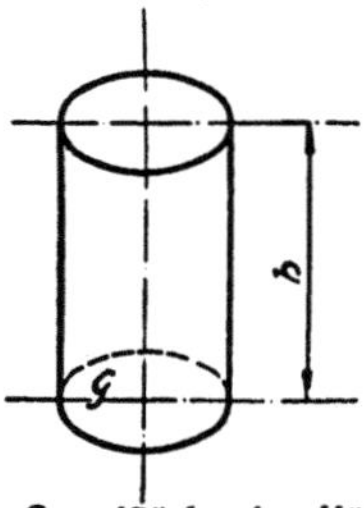

G = Grundfläche; h = Höhe.

J = Grundfläche mal Höhe.

4. Pyramide.

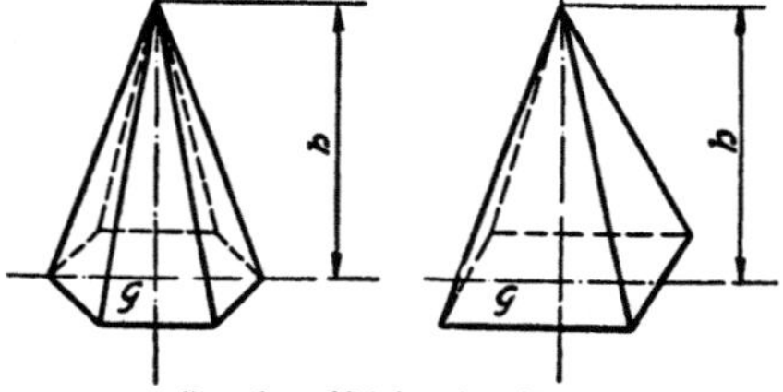

G = Grundfläche; h = Höhe.

J = Grundfläche mal Höhe, geteilt durch 3.

5. Kegel.

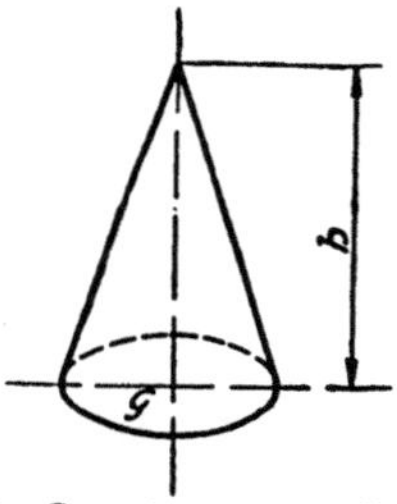

G = Grundfläche; h = Höhe.

J = Grundfläche mal Höhe, geteilt durch 3.

6. Abgestumpfte Pyramide.

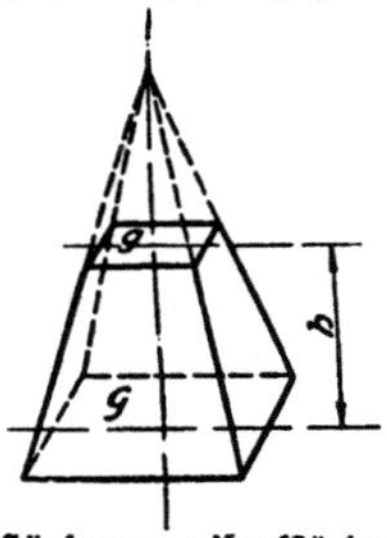

G = Grundfläche; g = Kopffläche; h = Höhe.

Angenähert:

J = Grundfläche und Kopffläche geteilt durch 2, mal Höhe; oder genau: ganze Pyramide weniger Ergänzungspyramide.

7. Abgestumpfter Kegel.

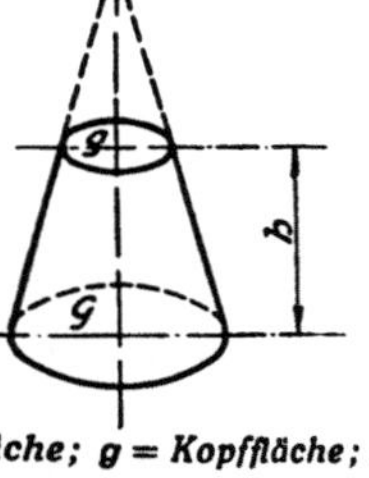

G = Grundfläche; g = Kopffläche; h = Höhe.

Angenähert:

J = Grundfläche und Kopffläche geteilt durch 2, mal Höhe; oder genau: ganzer Kegel weniger Ergänzungskegel.

J = Kubikinhalt.

8. Kugel.

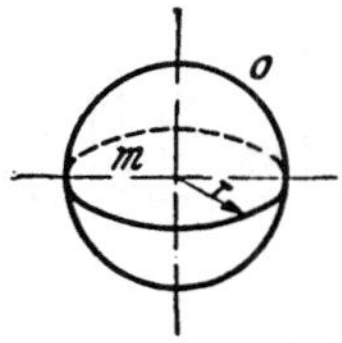

r = Halbmesser; m = Mittelkreis; O = Oberfläche.

Halbmesser mal Halbmesser mal 3,14 = Mittelkreis. Mittelkreis mal 4 = Oberfläche.

J = Oberfläche mal Halbmesser, geteilt durch 3.

9. Faß.

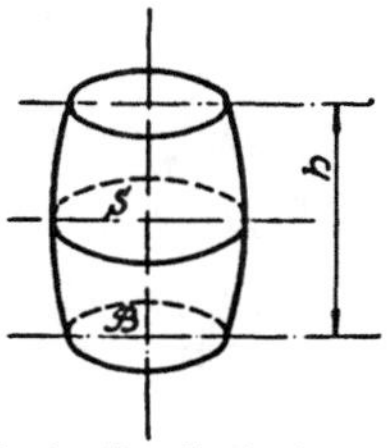

S = Spundkreis; B = Bodenkreis, h = Höhe.

J = Halbmesser mal Halbmesser mal 3,14 mal Faßhöhe.

Halbmesser = $\frac{2}{3}$ Halbmesser des Spundes und $\frac{1}{3}$ Halbmesser des Bodens.

2. Aufgaben zur Körperberechnung.

(Wo sonstige Bezeichnung fehlt, sind die Maße in mm angegeben.)

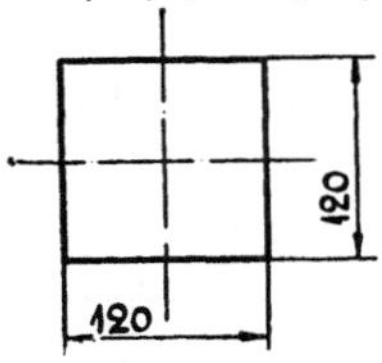

1. Bestimme den Inhalt des Würfels aus Schmiedeeisen a) in cmm, b) in ccm, c) in cdm!

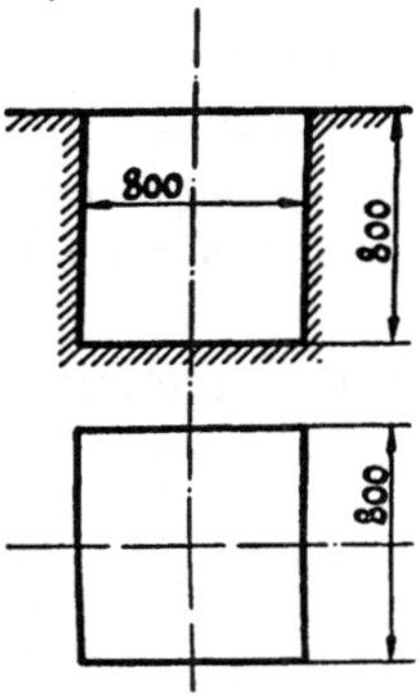

2. Bestimme den Fundamentaushub in cbm!

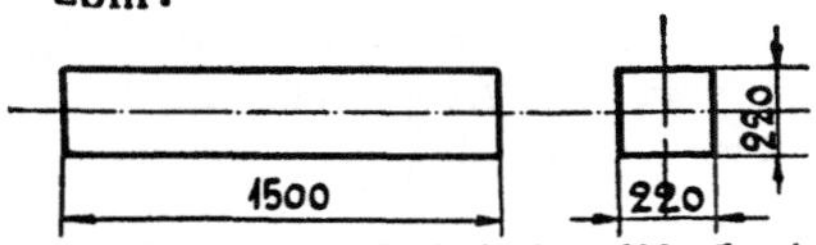

3. Bestimme den Inhalt des Vierkanteisens in cdm!

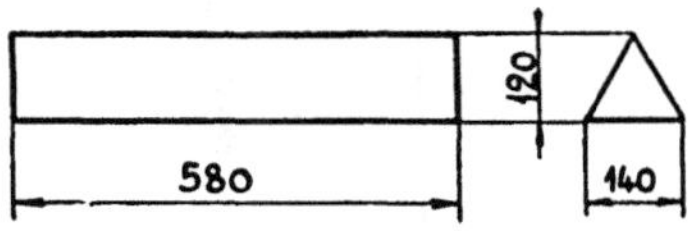

4. Bestimme den Inhalt des Dreikanteisens in cdm!

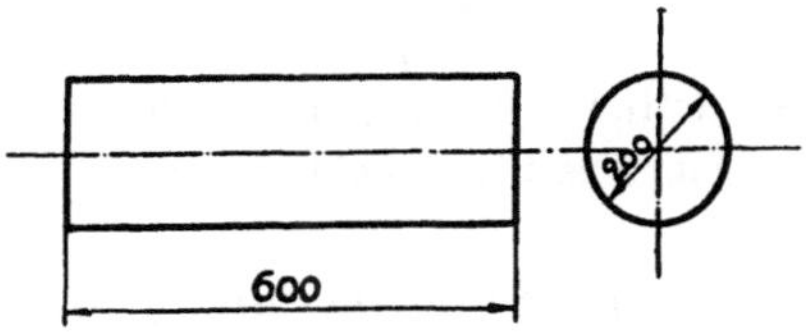

5. Bestimme den Inhalt des Rundeisens in cdm!

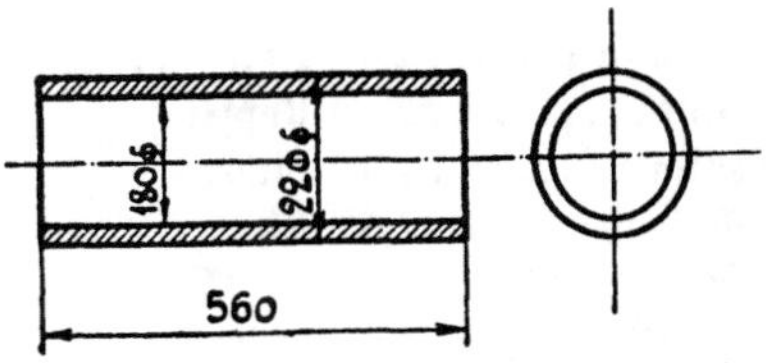

6. Bestimme den Inhalt der Büchse in cdm! (Kreisring mal Höhe.)

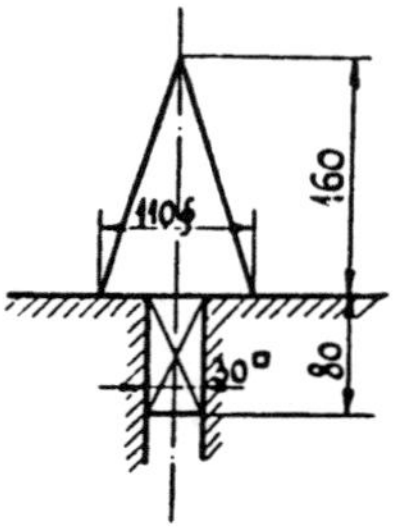

7. Bestimme den Inhalt des Amboßeinsatzes in cmm!

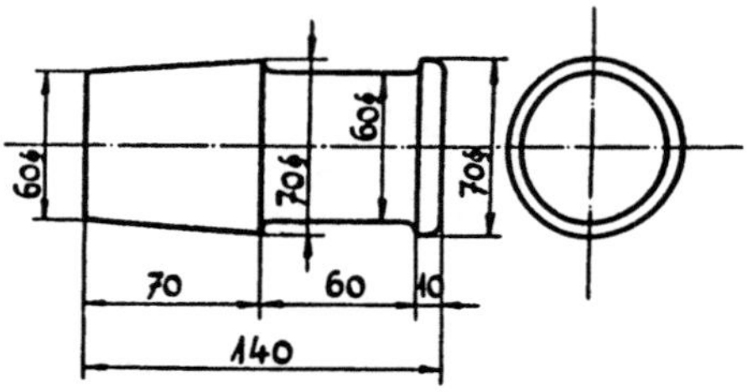

9. Bestimme den Inhalt des Kurbelzapfens in cdm! (Abrundungen bleiben unberücksichtigt.)

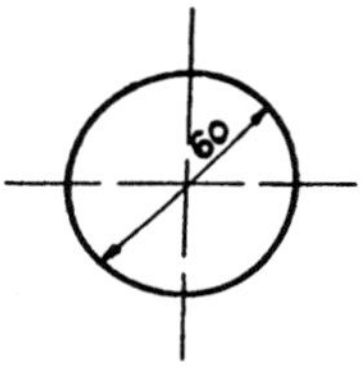

10. Bestimme den Inhalt der Stahlkugel in cdm!

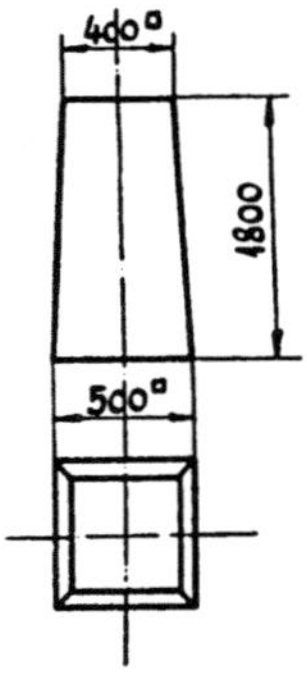

8. Bestimme den Inhalt des Blockes aus Siemens-Martinstahl in cbm!

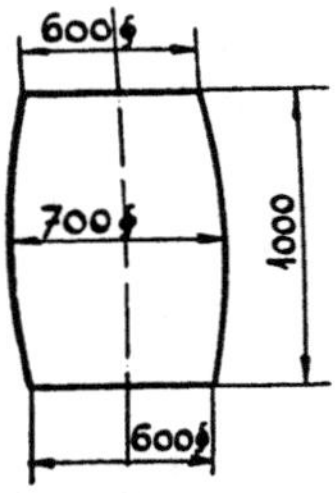

11. Bestimme den Inhalt des mit Maschinenöl gefüllten Fasses in l!

3. Aufgaben zur Körper- und Gewichtsberechnung.

Spezifische Gewichte							
a) Metalle				b) Baustoffe		c) Brennstoffe (geschichtet)	
Aluminium	2,6	Nickel	8,9	Sand, trocken	1,6	Holzkohle	0,4
Zink	7	Kupfer	8,9	„ naß	2,1	Koks	0,5
Zinn	7,3	Silber	10,5	Mauerwerk	1,6	Braunkohle	1,3
Gußeisen	7,3	Blei	11,4	Sandstein	2,4	Steinkohle	1,4
Schmiedeeisen, Stahl	7,8	Quecksilber	13,6	Beton	2,5		
Bronze	8,3	Gold	19,5				
Messing	8,5	Platin	21,5				

12. Bestimme das Gewicht der Platte in kg! Material: Schmiedeeisen.

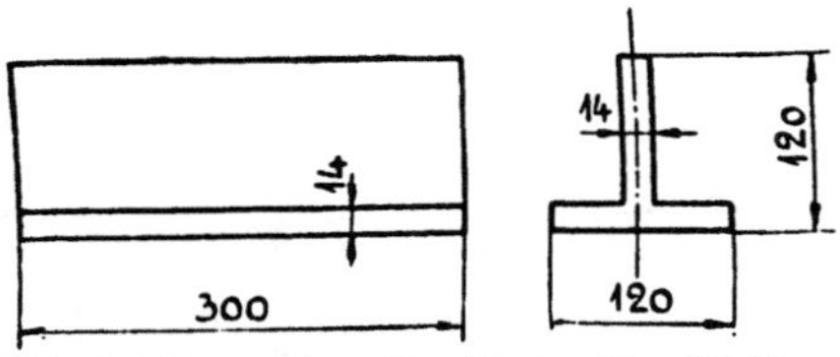

13. Bestimme das Gewicht des Profileisens in kg! Material: Schmiedeeisen.

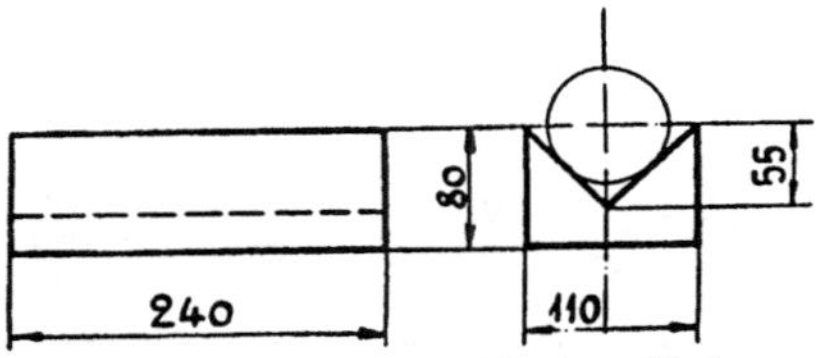

14. Bestimme das Gewicht des Prismas in kg! Material: Gußeisen.

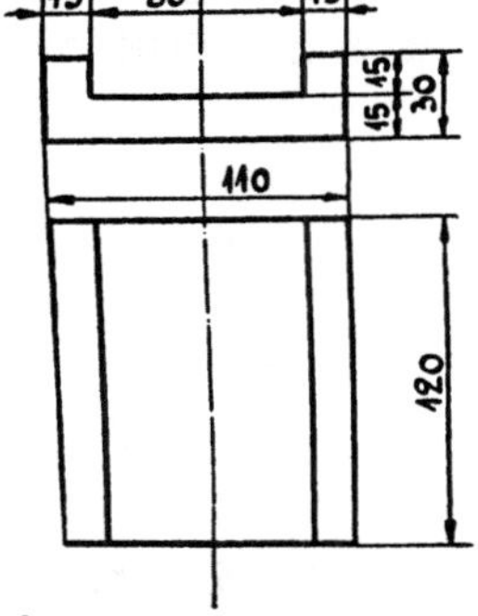

15. Bestimme das Gewicht der Führungsplatte in kg! Material: Gußeisen.

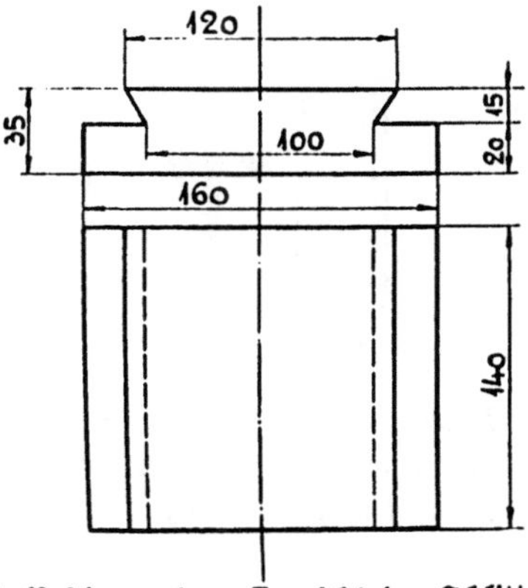

16. Bestimme das Gewicht der Schlittenführung in kg! Material: Gußeisen.

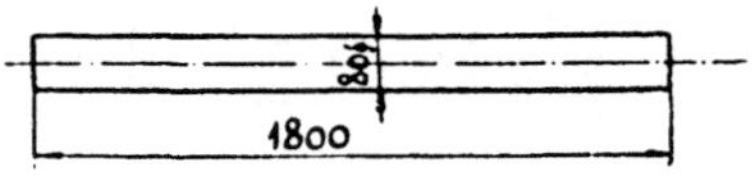

17. Bestimme das Gewicht der Welle in kg! Material: Stahl.

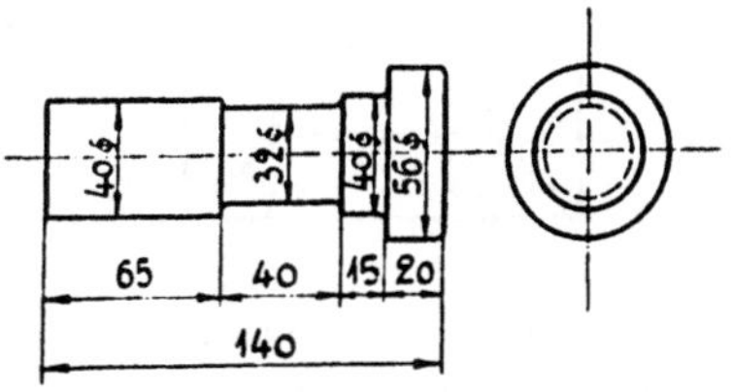

18. Bestimme das Gewicht für 6 Bolzen in kg! Material: Stahl.

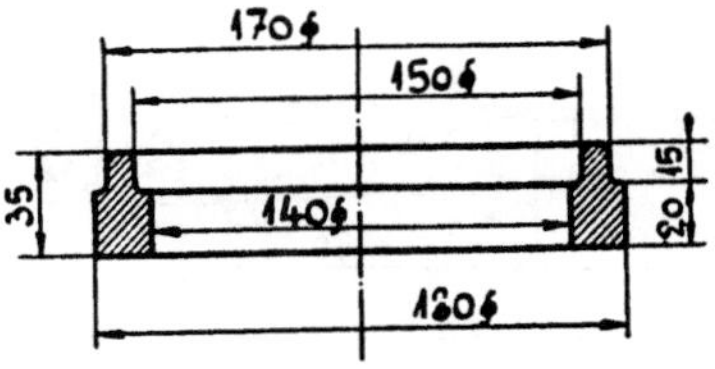

19. Bestimme das Gewicht des Manschettenringes in kg! Material: Bronze.

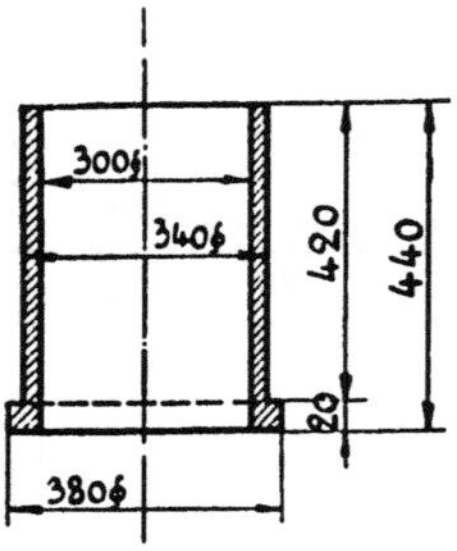

20. Bestimme das Gewicht der Büchse für einen hydraulischen Zylinder in kg! Material: Bronze.

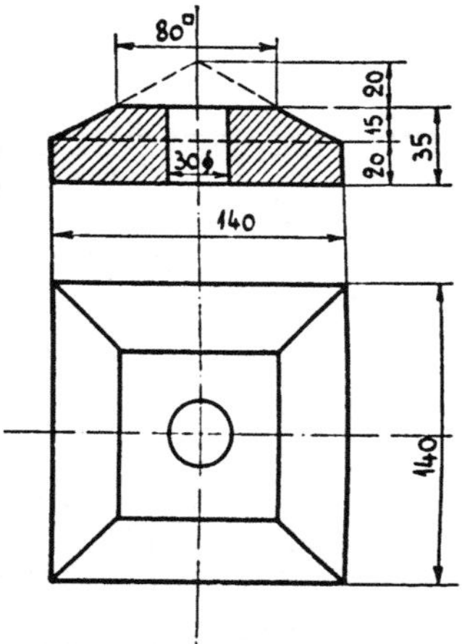

21. Bestimme das Gewicht der Ankerplatte in kg! a) Angenähert, b) genau. Material: Gußeisen.

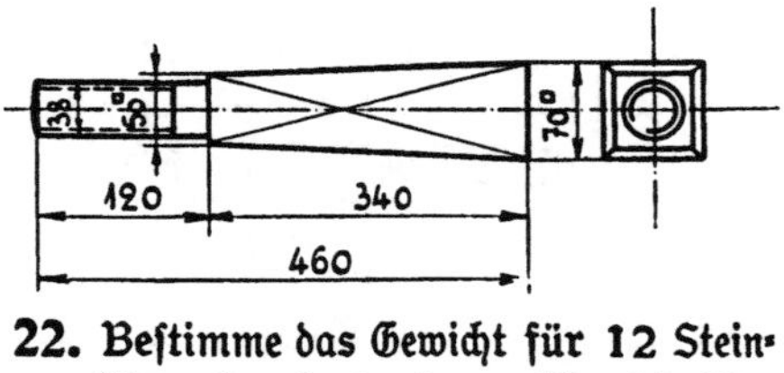

22. Bestimme das Gewicht für 12 Steinschrauben in kg (angenähert)! Material: Schmiedeeisen.

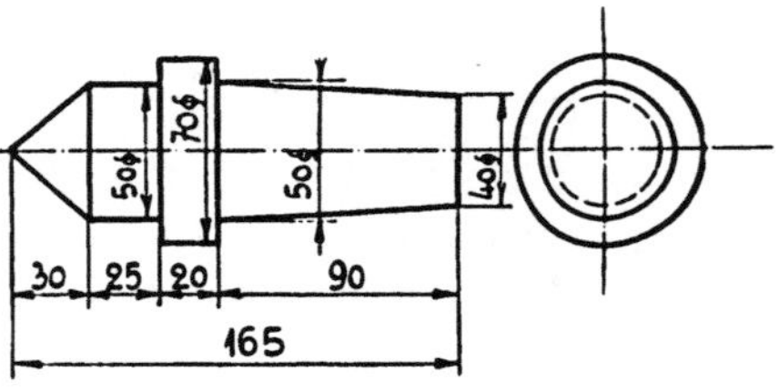

23. Bestimme das Gewicht des Körners in kg! Material: Stahl.

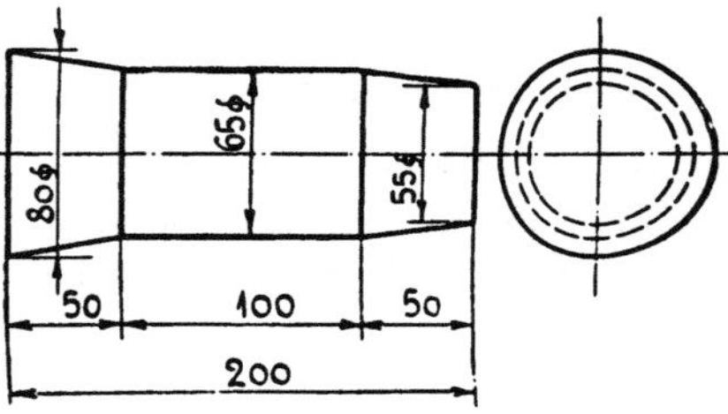

24. Bestimme das Gewicht des Kreuzkopfzapfens in kg! Material: Stahl.

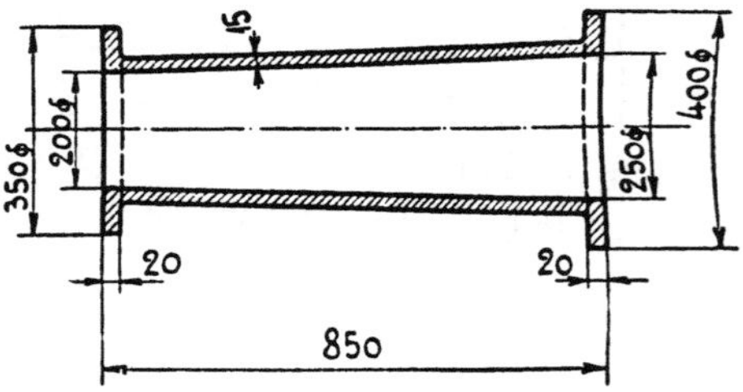

25. Bestimme das Gewicht des Rohrstutzens in kg! Material: Gußeisen.

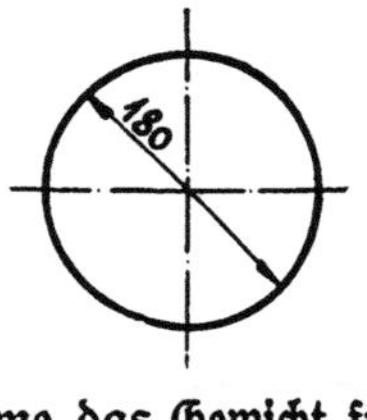

26. Bestimme das Gewicht für 2 Kugelgewichte eines Regulators in kg! Material: Gußeisen.

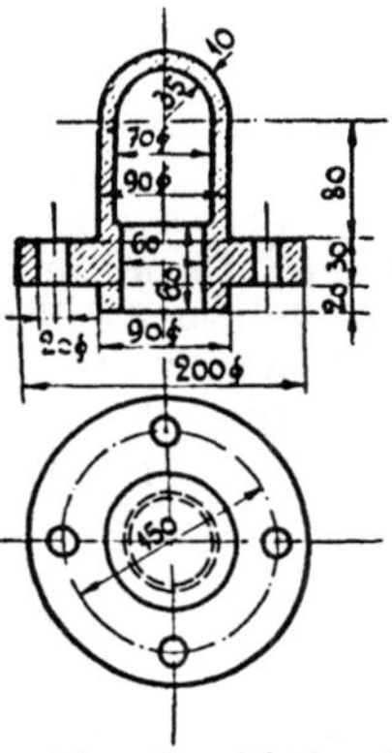

27. Bestimme das Gewicht der Führungshaube in kg! Material: Bronze.

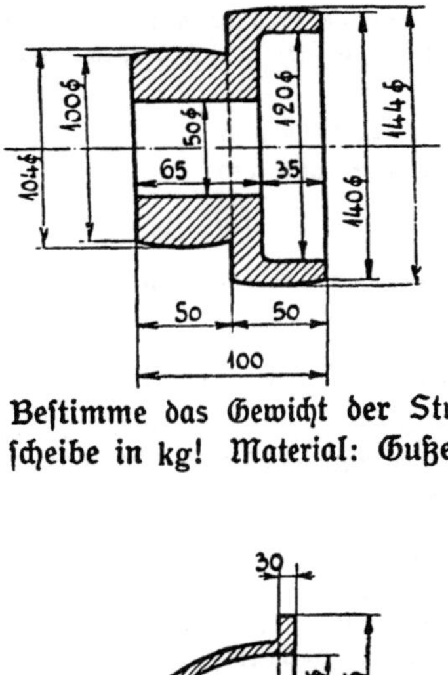

28. Bestimme das Gewicht der Stufenscheibe in kg! Material: Gußeisen.

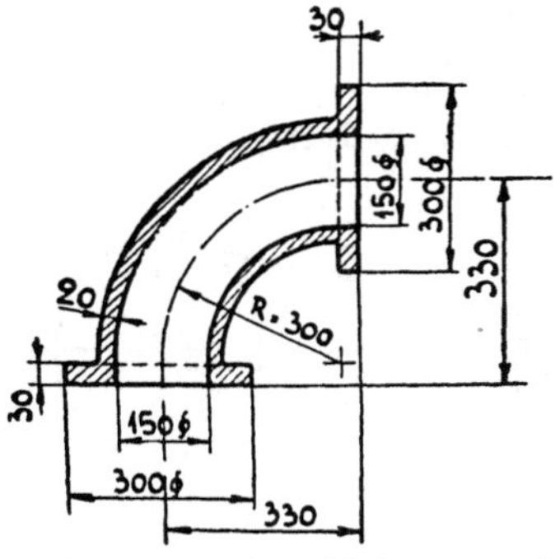

29. Bestimme für den Krümmer: a) das Gewicht; b) den Preis, wenn 1 kg ℳ 0,85 kostet.

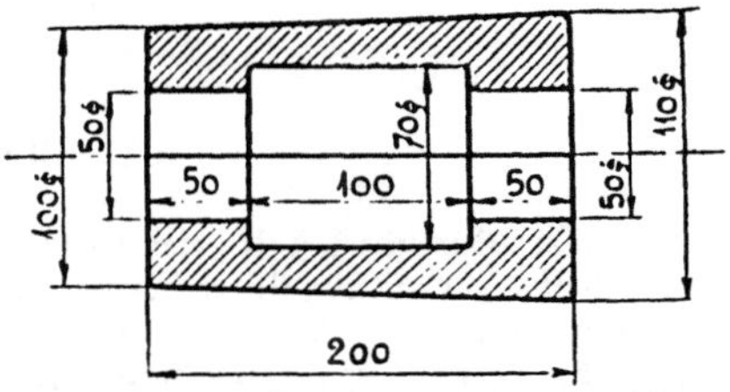

30. Bestimme für die zweiteilige Kupplungshülse: a) das Gewicht; b) den Preis, wenn 1 kg 0,95 ℳ kostet. Material: Gußeisen.

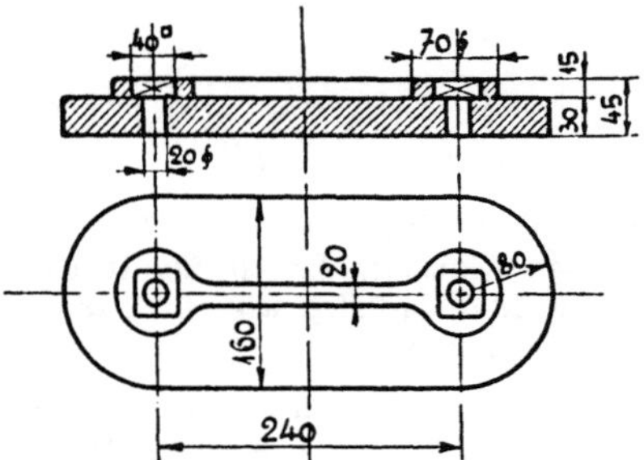

31. Bestimme für die Ankerplatte: a) das Gewicht; b) den Preis, wenn 1 kg 0,45 ℳ kostet. Material: Gußeisen.

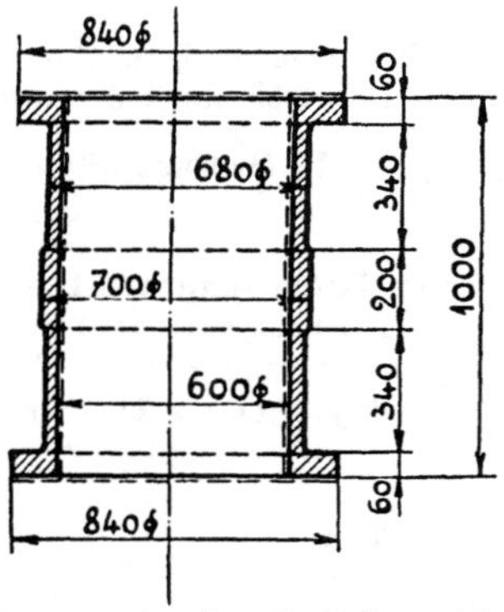

32. Bestimme für den Zylinder: a) das Gewicht in fertig bearbeitetem Zustande in kg; b) das Gewicht in rohem Zustande, wenn an den punktiert angedeuteten Stellen 10 mm für Bearbeitung zugegeben wird in kg; c) wieviel Prozent beträgt die Zugabe für Bearbeitung? Material: Gußeisen.

Riementrieb.

Beim Riementrieb sind zwei Riemenscheiben durch einen Riemen verbunden. Die eine Scheibe sitzt auf der Antriebwelle. Sie nimmt beim Antrieb den Riemen infolge der Reibung mit. Dadurch wird die Bewegung der Antriebwelle auf die getriebene Welle übertragen. Der Riemen kann offen oder gekreuzt sein. Beim offenen Riemen (Fig. 1) drehen sich beide Wellen nach einer Richtung; beim gekreuzten Riemen (Fig. 2)

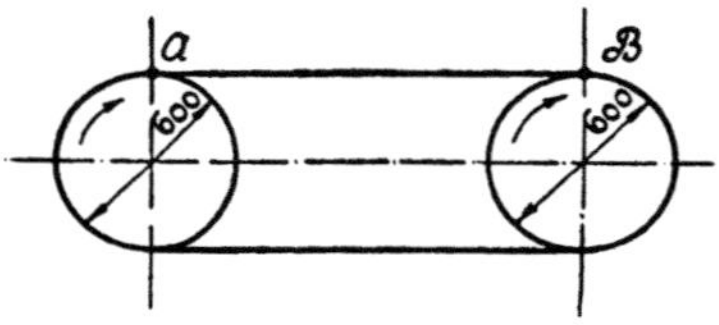

Antrieb Fig. 1.

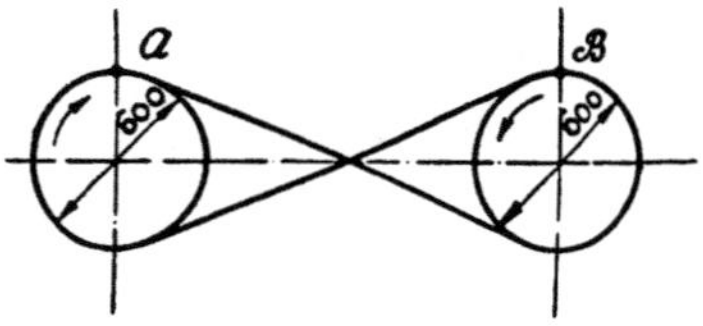

Antrieb Fig. 2.

ist die Drehrichtung der beiden Wellen entgegengesetzt. Der Riemen bewirkt, daß in einer bestimmten Zeit ein Punkt auf dem Umfange der getriebenen Scheibe denselben Weg zurücklegt wie ein Punkt auf der Antriebscheibe. Bei den Riementrieben Fig. 1 und 2 legt z. B.

Punkt *A* einen Weg von: $600 \cdot 3{,}14 = 1884$ mm
Punkt *B* einen Weg von: $600 \cdot 3{,}14 = 1884$ mm

bei einer Umdrehung zurück. Hieraus folgt:

Umfang × Umdrehungszahl der Antriebscheibe = Umfang × Umdrehungszahl der getriebenen Scheibe.

Da der Umfang sich in beiden Fällen aus dem Durchmesser, vervielfacht mit 3,14, ergibt, kann man die Regel vereinfachen in:

Durchmesser × Umdrehungszahl der Antriebscheibe = Durchmesser × Umdrehungszahl der getriebenen Scheibe.

Unter Umdrehungszahl versteht man die Anzahl der Umdrehungen in 1 Minute. Haben die beiden Scheiben gleiche Durchmesser, so sind die Umdrehungen der beiden Wellen gleich (Fig. 1 und 2). Ist die getriebene Scheibe kleiner, so ist ihre Umdrehungszahl größer als die der Antriebscheibe und umgekehrt (Fig. 3 und 4). Die

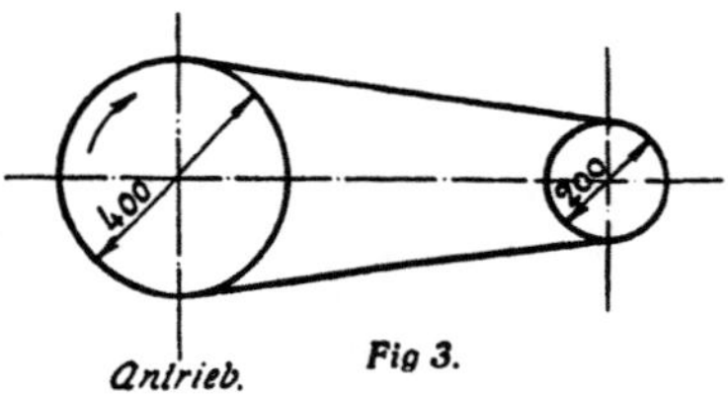

Antrieb. Fig 3.

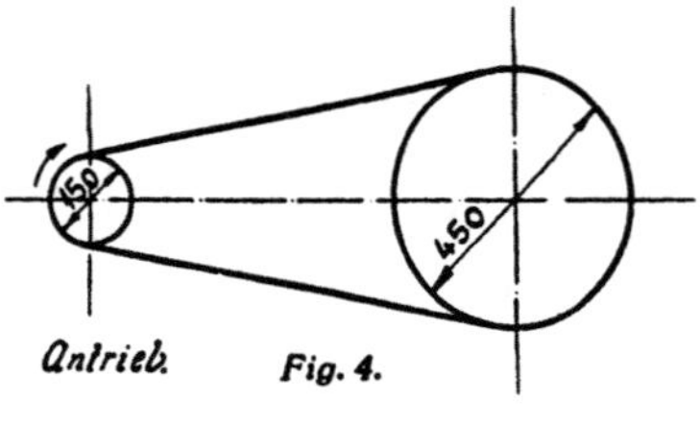

Antrieb. Fig. 4.

kleinere Scheibe hat immer die größere Umdrehungszahl. Ist der Durchmesser der getriebenen Scheibe halb so groß, so macht sie die doppelten Umdrehungen. Ist der Durchmesser dreimal so groß, so macht die getriebene Scheibe nur ein Drittel der Umdrehungen.

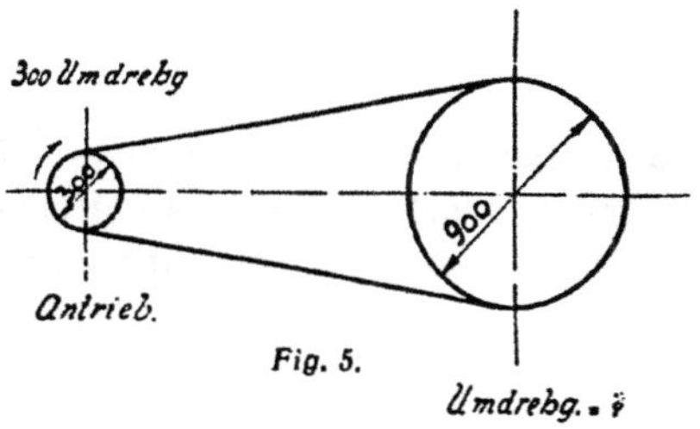

Fig. 5.

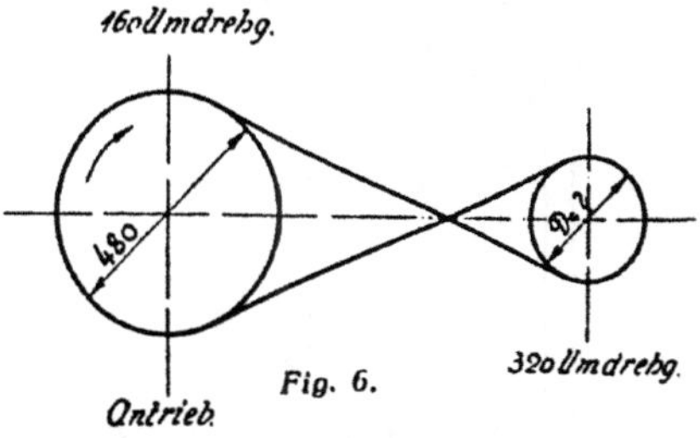

Fig. 6.

1. Bestimme die Umdrehungszahl der getriebenen Scheibe für den Riementrieb Fig. 5!

2. Bestimme den Durchmesser der getriebenen Scheibe für den Riementrieb Fig. 6!

3. Bestimme den Durchmesser der Fest- und Losscheibe für den Riementrieb Fig. 7

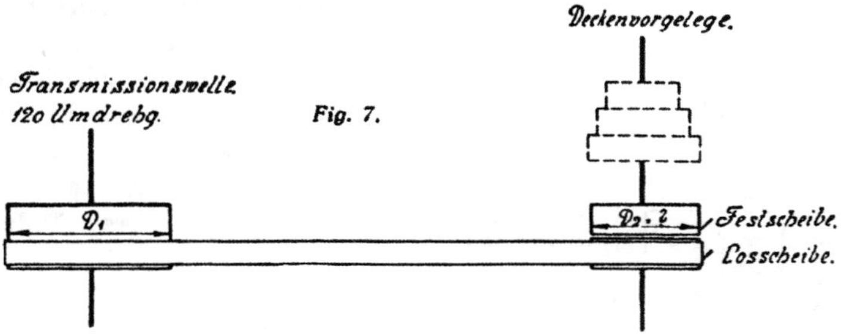

Fig. 7.

in folgenden Fällen:

a)	Durchmesser $D_1 = 360$ mm;	Deckenvorgelege	$= 180$	Umdrehungen
b)	„ $D_1 = 600$ „	„	$= 150$	„
c)	„ $D_1 = 375$ „	„	$= 200$	„
d)	„ $D_1 = 450$ „	„	$= 150$	„
e)	„ $D_1 = 600$ „	„	$= 360$	„
f)	$D_1 = 750$ „	„	$= 90$	„

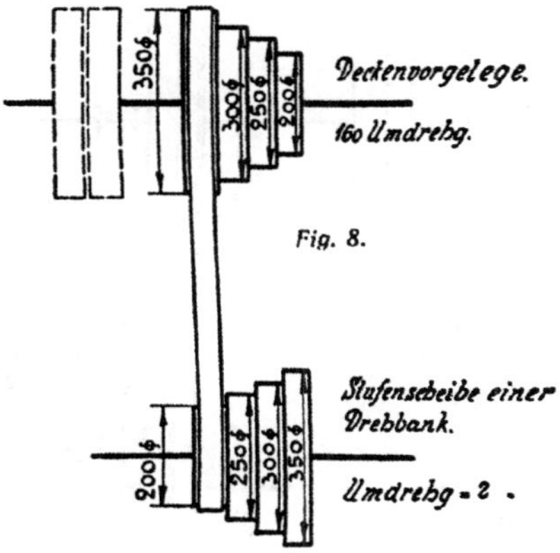

Fig. 8.

4. Bestimme die Umdrehungen der Stufenscheibe auf der Drehbank in den 4 verschiedenen Riemenlagen für den Riementrieb Fig. 8!

5. Bestimme die Umdrehungen der Arbeitsspindel in den 4 verschiedenen Riemenlagen für den Riementrieb Fig. 9!

6. Bestimme für den Riementrieb Fig. 10: a) den Durchmesser der Antriebscheibe für die Transmissionswelle; b) die Umdrehungen des Deckenvorgeleges I; c) den Durchmesser der Transmissionsscheibe für das Deckenvorgelege II; d) den Durchmesser der Fest- und Losscheibe für das Deckenvorgelege III; e) die Umdrehungen des Deckenvorgeleges IV.

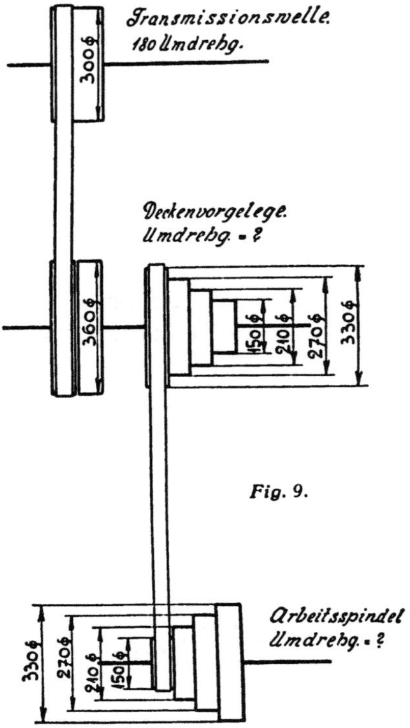

Fig. 9.

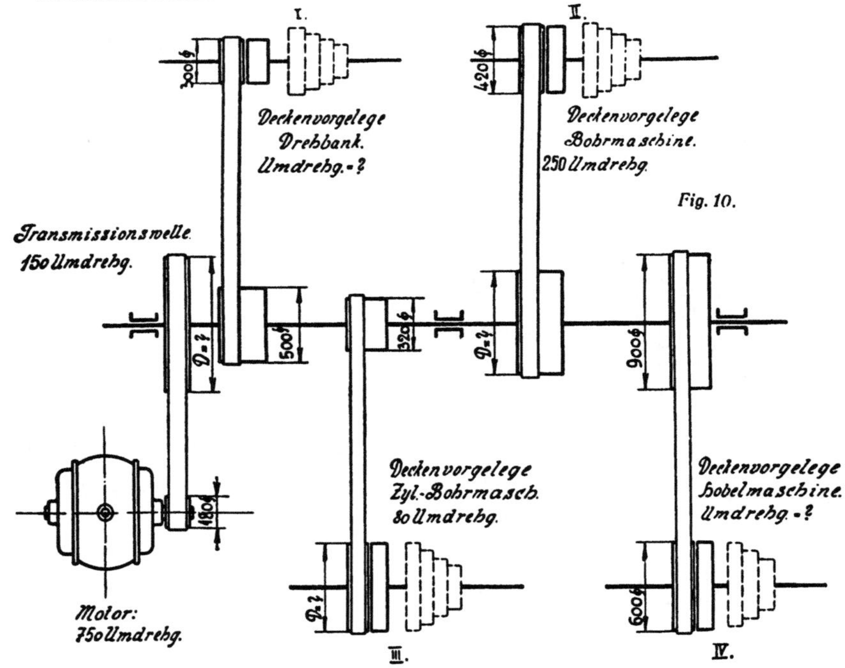

Fig. 10.

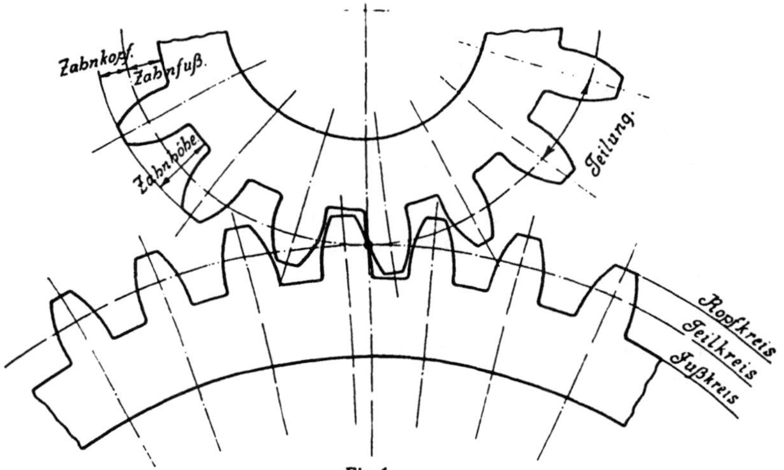

Fig. 1.

Zahnrädergetriebe.

Um eine drehende Bewegung von einer Welle auf eine andere Welle zu übertragen, benutzt man auch Zahnräder. Die Zahnräder greifen mit ihren Zähnen ineinander, wodurch eine zwangläufige Übertragung zustande kommt.

Man unterscheidet bei einem Zahnrade Teilkreis, Kopfkreis und Fußkreis (Fig. 1). Auf dem Teilkreis wird die Teilung gemessen. Man versteht darunter das Maß von Mitte Zahn bis Mitte Zahn auf dem Bogen des Teilkreises. Als Maß der Teilung wird stets ein Vielfaches der Verhältniszahl 3,14 genommen. Die Zahl, mit der man 3,14 vervielfacht, nennt man Modul. Es ist also:

Teilung = Modul × 3,14.

Für Modul 5 z. B. ist die Teilung = 5 · 3,14 = 15,7 mm. Dadurch, daß man die Teilung ein Vielfaches von 3,14 macht, berechnet sich der Teilkreisdurchmesser sehr einfach und wird immer eine ganze Zahl, wenn der Modul eine ganze Zahl ist.

Beispiel:

Teilung: Modul 4 = 4 · 3,14 mm
Zähnezahl: 30
Es ist: Teilkreisumfang = 30 · 4 · 3,14

$$\text{Teilkreisdurchmesser} = \frac{30 \cdot 4 \cdot \not{3{,}14}}{\not{3{,}14}} = 120 \text{ mm}.$$

Die Berechnung zeigt, daß man die Verhältniszahl 3,14 fortlassen kann, und man erhält die Regel:

Teilkreisdurchmesser = Zähnezahl × Modul.

Bei einem Zahn unterscheidet man:

Zahnkopf, Zahnfuß und Zahnhöhe (Fig. 1).

Die gebräuchlichen Maße für den Zahn sind:

Zahnkopf = Modul in mm
Zahnfuß = Modul · 1,16 in mm
Zahnhöhe = Modul · 2,16 in mm.

Der Zahnkopf wird durch den Kopfkreis, der Zahnfuß durch den Fußkreis begrenzt (Fig. 1).

1. Bestimme die Teilung bei: Modul 2, 2,5, 3, 4,5, 8, 10, 15, 18.

2. Bestimme den Modul bei einer Teilung von: 6,28, 9,42, 10,99, 15,7, 28,26, 31,4, 34,54 mm.

3. Die Teilung sei: Modul 5, 8, 10, 12,5, 15, 16,5, 18, 20. Bestimme: a) den Zahnkopf; b) den Zahnfuß.

4. Bestimme den Teilkreisdurchmesser folgender Zahnräder:

Zähnezahl:	a) 30,	b) 45,	c) 68,	d) 84,	e) 115.
Teilung: Modul	5,	7,	10,5,	12,	15.

5. Bestimme die Zähnezahl in folgenden Fällen:

Teilkreisdurchmesser:	a) 215,	b) 360,	c) 420,	d) 630 mm.
Teilung: Modul	5,	6,	7,5,	9.

Beachte: $\text{Zähnezahl} = \frac{\text{Teilkreisdurchmesser}}{\text{Modul}}$.

6. Bestimme: a) den Teilkreisdurchmesser, b) den Kopfkreisdurchmesser, c) den Fußkreisdurchmesser folgender Zahnräder:

Zähnezahl:	a) 60,	b) 80,	c) 95,	d) 115,	e) 127.
Teilung: Modul	5,	4,5,	8,	8,5,	3.

Bei parallelen Wellen verwendet man Stirnräder (Fig. 2). Schneiden sich die beiden Wellen, so kommen Kegelräder in Anwendung (Fig. 3).

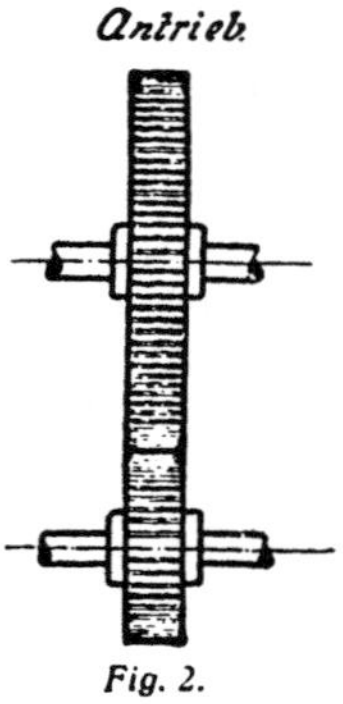

Fig. 2.

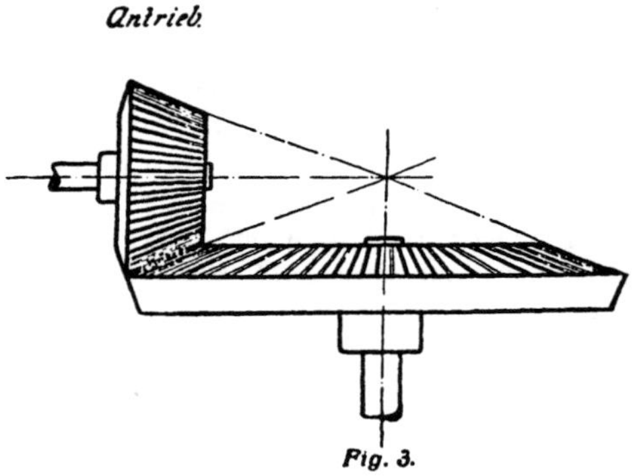

Fig. 3.

Für Stirnräder und Kegelräder gilt: Haben die Zahnräder gleiche Zähnezahl, so sind die Umdrehungen der beiden Wellen gleich. Hat das getriebene Rad eine kleinere Zähnezahl, so ist seine Umdrehungszahl größer und umgekehrt. Das kleinere Rad hat immer die größere Umdrehungszahl. Ist das getriebene Rad halb so groß, so macht es die doppelten Umdrehungen. Ist das getriebene Rad dreimal so groß, so macht es nur ein Drittel der Umdrehungen.

Merke: Die Umdrehungen zweier Zahnräder verhalten sich umgekehrt wie die Zähnezahlen; oder auch: die Umdrehungen zweier Zahnräder verhalten sich umgekehrt wie die Durchmesser.

Wie beim Riementrieb gilt auch für das Zahnrädergetriebe die Regel:

Umfang × Umdrehungszahl des Antriebrades = Umfang × Umdrehungszahl des getriebenen Rades.

Unter Umfang ist hier der Teilkreisumfang zu verstehen. Der Teilkreisumfang eines Zahnrades ist gleich Zähnezahl × Teilung. Da die Teilung bei zwei ineinandergreifenden Zahnrädern gleich sein muß, kann man sie unberücksichtigt lassen und man erhält die einfachere Regel:

Zähnezahl × Umdrehungszahl des Antriebrades = Zähnezahl × Umdrehungszahl des getriebenen Rades.

Unter Umdrehungszahl versteht man die Anzahl der Umdrehungen in 1 Minute. Das Verhältnis der Zähnezahlen zweier ineinandergreifender Zahnräder nennt man Übersetzung.

7. Bestimme die Umdrehungen des getriebenen Rades für das Zahnradgetriebe Fig. 4!

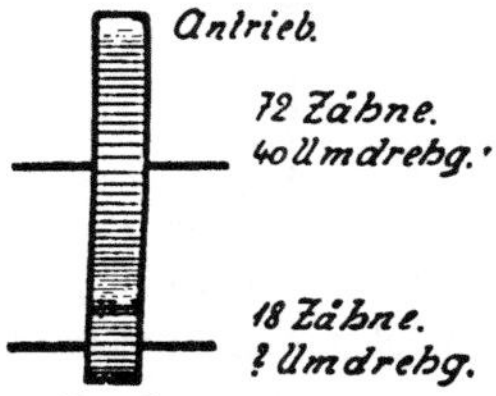

Fig. 4.

Lösung:

$$18 \cdot \text{Umdrehungszahl} = 72 \cdot 40.$$

$$\text{Umdrehungszahl} = \frac{72 \cdot 40}{18} = 160.$$

8. Bestimme die Umdrehungen des getriebenen Rades in folgenden Fällen:

	a)	b)	c)	d)	e)	
Treibrad:	100,	80,	75,	64,	26	Zähne,
„	60,	90,	120,	48,	70	Umdrehungen,
Getriebenes Rad:	50,	60,	45,	96,	65	Zähne.

9. Bestimme die Zähnezahl des getriebenen Rades in folgenden Fällen:

	a)	b)	c)	d)	e)	
Treibrad:	45,	65,	108,	36,	25	Zähne,
„	125,	90,	80,	45,	60	Umdrehungen,
Getriebenes Rad:	75,	130,	120,	60,	20	Umdrehungen.

10. Bestimme die Zähnezahl des treibenden Rades in folgenden Fällen:

	a)	b)	c)	d)	e)	
Getriebenes Rad:	75,	24,	18,	36,	225	Zähne,
„ „	90,	30,	60,	105,	150	Umdrehungen,
Treibrad:	150,	20,	15,	45,	250	Umdrehungen.

11. Bestimme den Mittenabstand der beiden Achsen für das Zahnradgetriebe Fig. 5!

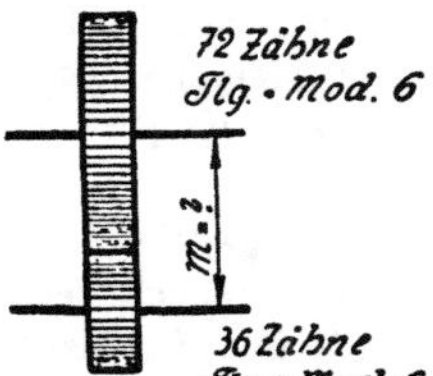

Fig. 5.

Lösung:

Der Mittenabstand ist gleich der Summe der beiden Teilkreishalbmesser:

$$\text{Teilkreishalbmesser Rad I} = \frac{72 \cdot 6}{2} = 216\,\text{mm}$$

$$\text{„ Rad II} = \frac{36 \cdot 6}{2} = 108 \text{ „}$$

$$\text{Mittenabstand} = 324 \text{ „}$$

12. Bestimme den Mittenabstand der beiden Achsen in folgenden Fällen:

	a)	b)	c)	d)	e)	
Rad I:	72,	18,	65,	42,	80	Zähne
Rad II:	36,	24,	30,	56,	126	„
Teilung Modul:	5,	6,	8,	10,	10,5.	

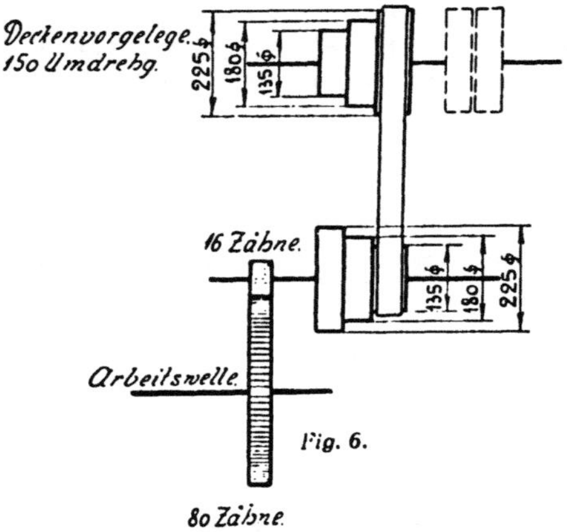

Fig. 6.

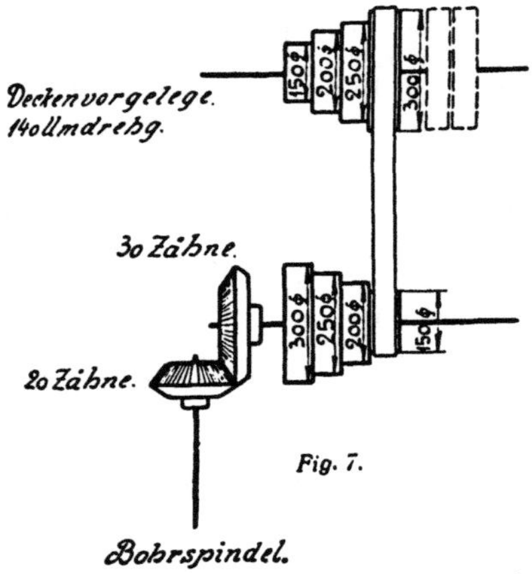

Fig. 7.

13. Bestimme die Umdrehungen der Arbeitswelle in den 3 verschiedenen Riemenlagen für das Getriebe Fig. 6!

14. Bestimme die Umdrehungen der Bohrspindel in den 4 verschiedenen Riemenlagen für das Getriebe Fig. 7!

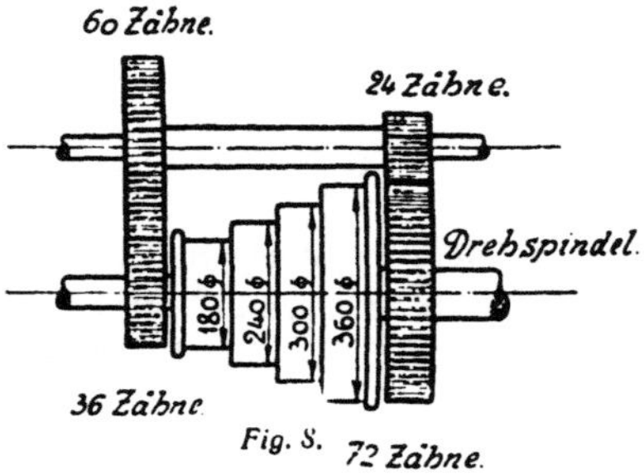

Fig. 8.

15. Bestimme die Umdrehungen der Drehspindel bei eingerücktem Rädervorgelege in den 4 verschiedenen Riemenlagen für den Drehbankantrieb Fig. 8! Die Stufenscheibe des Deckenvorgeleges macht 120 Umdrehgn./Min. und hat in umgekehrter Anordnung die gleichen Durchmesser wie die Stufenscheibe der Drehbank.

Bei sich kreuzenden Wellen verwendet man entweder Schraubenräder oder Schnecke mit Schneckenrad. Die Schraubenräder werden wegen des großen Arbeitsverlustes und der starken Abnutzung der Zähne wenig benutzt. Schnecke und Schneckenrad (Fig. 9) kommen hauptsächlich da zur Anwendung, wo ein großer Unterschied in den Umlaufzahlen der treibenden und der getriebenen Welle erzielt werden soll. Die Teilung des Schneckenrades ist gleich der Steigung der Schnecke. Man unterscheidet eingängige und mehrgängige Schnecken. Bei letzteren ist die Steigung so groß gewählt, daß sich innerhalb der Steigung noch ein Gewindegang oder mehrere weitere Gewindegänge herstellen lassen. Es soll hier nur die eingängige Schnecke besprochen werden (Fig. 9).

Hat sich die Schnecke einmal gedreht, so ist ein Punkt des Gewindes um die Steigung weitergerückt. Es wird also Punkt *A* nach Punkt *B* gekommen sein. Dadurch ist das Schneckenrad um einen Zahn gedreht worden. Soll das Schneckenrad eine ganze Umdrehung machen, so muß sich die Schnecke für das Getriebe Fig. 9 also 30mal drehen. Soll das Schneckenrad 2 Umdrehungen machen, so muß sich die Schnecke $2 \times 30 = 60$ mal drehen. Für 3 Umdrehungen des Schneckenrades sind $3 \times 30 = 90$ Umdrehungen der Schnecke erforderlich usw.

Hieraus folgt die Regel:

Umdrehungen des Schneckenrades $\times$ Zähnezahl = Umdrehungen der Schnecke.

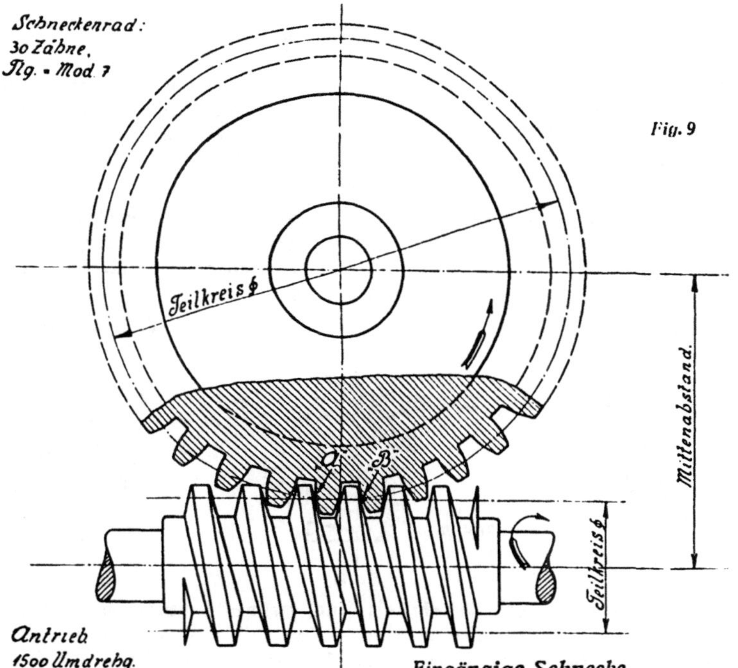

Fig. 9

Eingängige Schnecke.

Für das Getriebe Fig. 9 ist also: Umdrehungen des Schneckenrades $\times$ 30 = 1500,

oder: Umdrehungen des Schneckenrades $= \frac{1500}{30} = 50$.

16. Bestimme die Umdrehungen des Schneckenrades in folgenden Fällen:

Umdrehungen der Schnecke:	a) 500,	b) 750,	c) 1440,	d) 1680.
Zähnezahl des Schneckenrades:	50,	30,	144,	80.

17. Bestimme die Zähnezahl des Schneckenrades in folgenden Fällen:

Umdrehungen des Schneckenrades:	a) 30,	b) 17,	c) 24,	d) 40.
Umdrehungen der Schnecke:	600,	850,	960,	1440.

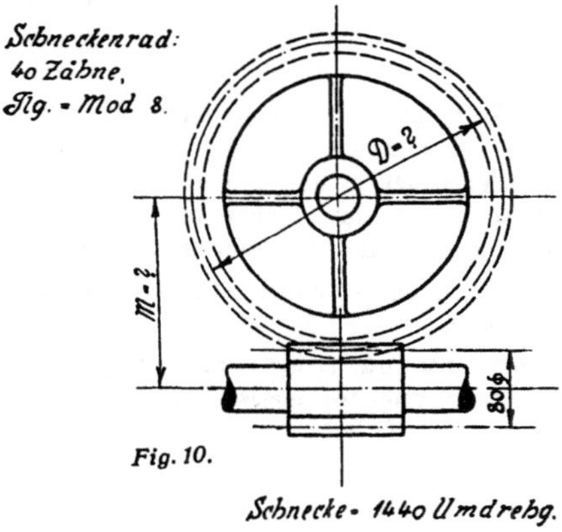

Fig. 10.

18. Bestimme für das Schneckengetriebe Fig. 10: a) den Teilkreisdurchmesser des Schneckenrades; b) den Mittenabstand zwischen Schnecke und Schneckenrad; c) die Umdrehungen des Schneckenrades.

Anmerkung: Der Teilkreisdurchmesser wird genau wie beim Stirnrad berechnet.

Wechselräder.

Zum Gewindeschneiden auf der Drehbank sind Wechselräder erforderlich. Der Arbeiter muß imstande sein, für ein verlangtes Gewinde die entsprechenden Wechselräder zu bestimmen. Die Wechselräder bringen die Umdrehungen der Leitspindel in ein bestimmtes Verhältnis zu den Umdrehungen der Drehspindel. Die Leitspindel setzt den Support mit dem Drehstahl in Bewegung.

Die Leitspindel hat entweder: a) Zollgewinde, d. h. die Steigung ihres Gewindes wird in engl. Zoll gemessen; b) metrisches Gewinde, d. h. die Steigung wird in mm gemessen. Unter Steigung versteht man die senkrechte Entfernung zwischen zwei Gewindegängen. (Siehe Fig. 1, 2, 3.)

Spitzgewinde. *Flachgewinde.* *Trapezgewinde.*

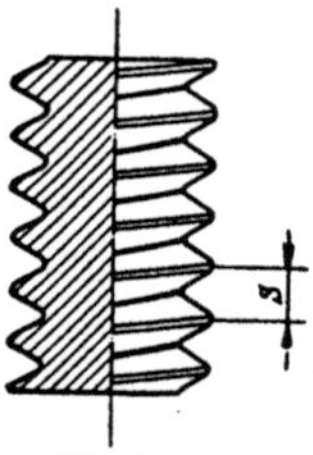

s = Steigung.

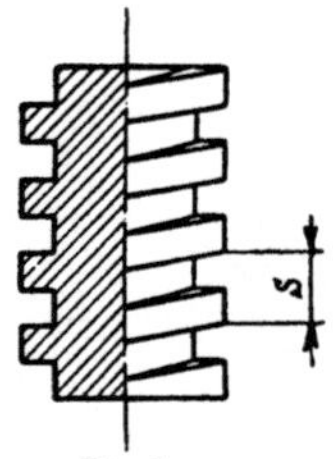

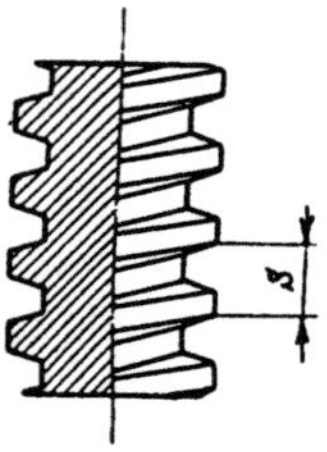

Fig. 1. *Fig. 2.* *Fig. 3.*

Die Drehspindel dreht das Arbeitsstück, welches entweder mit Zollgewinde oder mit metrischem Gewinde versehen werden soll. Hieraus ergeben sich 4 verschiedene Möglichkeiten der Wechselräderberechnung: 1. Die Leitspindel hat Zollgewinde, und es soll Zollgewinde geschnitten werden. 2. Die Leitspindel hat metrisches Gewinde, und es soll metrisches Gewinde geschnitten werden. 3. Die Leitspindel hat Zollgewinde, und es soll metrisches Gewinde geschnitten werden. 4. Die Leitspindel hat metrisches Gewinde, und es soll Zollgewinde geschnitten werden.

1. Bestimme die Steigung der Leitspindel bei: 2, 3, 4, 5, 6 Gängen auf 1 Zoll!

Lösung: Steigung = $\frac{1}{2}$" usw.

2. Bestimme die Steigung des verlangten Gewindes bei: 20, 18, 12, 10, 7, 5, $4\frac{1}{2}$, $3\frac{1}{2}$, $2\frac{1}{4}$ Gängen auf 1 Zoll!

Fig. 4 zeigt die Seitenansicht einer Drehbank mit eingesetzten Wechselrädern (einfache Übersetzung). Es ist:

a = Rad auf der Drehspindel.

b, *c* und *d* = Räder zum Herzradwendegetriebe. Das Herzradwendegetriebe dient dazu, die Leitspindel entweder still zu setzen, oder ihre Bewegungsrichtung auf Rechtsgewinde oder Linksgewinde einzustellen. Die Räder *a* und *d* haben gewöhnlich gleiche Zähnezahlen, so daß eine Übersetzung von *a* auf *d* nicht stattfindet. Das Zahnrad *d* hat also die gleiche Umdrehungszahl wie das Rad *a* auf der Drehspindel.

e = Rad auf dem Wechselbolzen. Das Rad *e* ist das jeweilige Wechselrad, welches man als Rad auf der Drehspindel ansehen kann.

f = beliebiges Zwischenrad. Das Zwischenrad *f* dient nur dazu, die Verbindung zwischen dem Rad *e* und dem Rad *g* herzustellen. Die Zähnezahl dieses Zwischenrades ist beliebig, da diese auf die Übersetzung keinen Einfluß hat.

g = Rad auf der Leitspindel.

h = Schere.

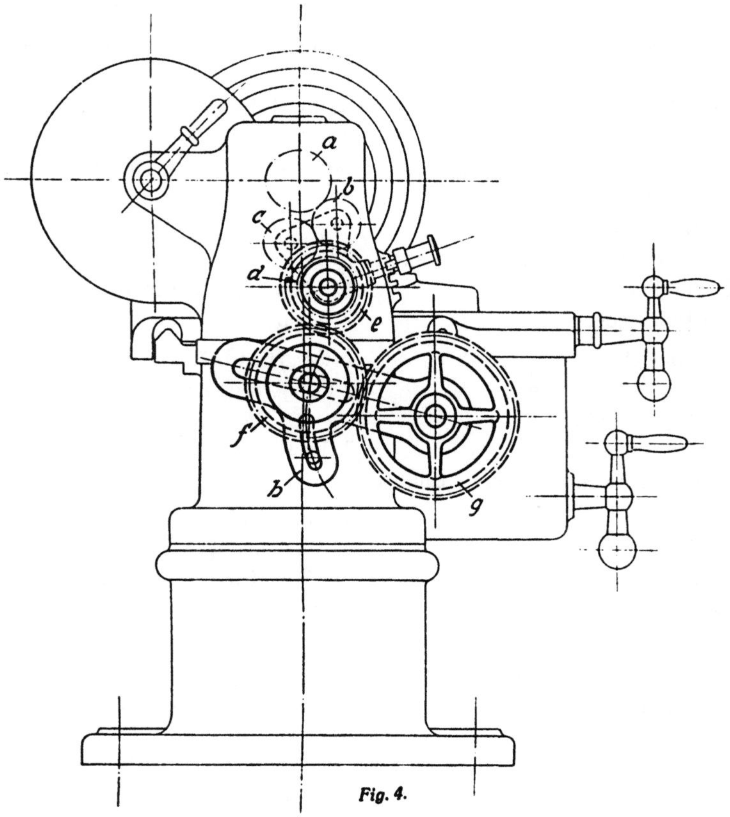

Fig. 4.

a) Leitspindel Zoll, verlangtes Gewinde Zoll.

3. Steigung der Leitspindel: $\frac{1}{2}$" (2 Gänge auf 1"),
Steigung des verlangten Gewindes: $\frac{1}{4}$" (4 Gänge auf 1"),
Leitspindelrad: 60, 70, 80, 90, 100, 120 Zähne,
Drehspindelrad: ? Zähne.

Erklärung: Die Steigung des verlangten Gewindes ist nur halb so groß wie die Steigung der Leitspindel. Es müssen also doppelt soviel Gewindegänge geschnitten werden. Dies wird dadurch erreicht, daß die Drehspindel in derselben Zeit doppelt soviel Umdrehungen macht wie die Leitspindel. Diese doppelte Umdrehung wird erzielt durch Wahl eines Zahnrades auf der Drehspindel, welches nur halb soviel Zähne hat wie das Zahnrad auf der Leitspindel.

Demnach Drehspindelrad $= \frac{60}{2} =$ 30 Zähne usw.

4. Steigung der Leitspindel: $\frac{1}{3}$" (3 Gänge auf 1"),
Steigung des verlangten Gewindes: $\frac{1}{12}$" (12 Gänge auf 1"),
Drehspindelrad: 18, 20, 25, 30 Zähne,
Leitspindelrad: ? Zähne.
Erkläre ähnlich wie vorhin!

Aus Aufg. 3 und 4 ergibt sich:

Aufg. 3: Das Drehspindelrad verhält sich zum Leitspindelrad wie $\frac{1}{4}$ zu $\frac{1}{2}$ oder wie 1 zu 2.

$$D : L = \tfrac{1}{4} : \tfrac{1}{2} = 1 : 2.$$

Aufg. 4: Das Drehspindelrad verhält sich zum Leitspindelrad wie $\frac{1}{12}$ zu $\frac{1}{3}$ oder wie 1 zu 4.

$$D : L = \tfrac{1}{12} : \tfrac{1}{3} = 1 : 4,$$

d. h. **die Wechselräder verhalten sich zueinander wie die Steigungen.** (Gerades Verhältnis.)

5. Steigung der Leitspindel: $\frac{1}{4}$",
Steigung des verlangten Gewindes: $\frac{1}{16}$",
Drehspindelrad: 15, 20, 25, 30 Zähne,
Leitspindelrad: ? Zähne.

6. Leitspindel: 6 Gänge auf 1",
Verlangtes Gewinde: 8 Gänge auf 1",
Drehspindelrad: 45, 60, 75, 90 Zähne,
Leitspindelrad: ? Zähne.

Beachte: Zuerst Steigungen bestimmen.

7. Leitspindel: 5 Gänge auf 1",
Verlangtes Gewinde: $2\frac{1}{2}$ Gänge auf 1",
Leitspindelrad: 25, 30, 35, 40, 50 Zähne,
Drehspindelrad: ? Zähne.

8. Leitspindel: 4 Gänge auf 1",
Verlangtes Gewinde: $7\frac{1}{2}$ Gänge auf 1",
Drehspindelrad: 16, 24, 32, 40 Zähne,
Leitspindelrad: ? Zähne.

b) Leitspindel metrisch, verlangtes Gewinde metrisch.

9. Steigung der Leitspindel: 12 mm,
Steigung des verlangten Gewindes: 6 mm,
Leitspindelrad: 120, 110, 100, 90, 80 Zähne,
Drehspindelrad: ? Zähne.

10. Steigung der Leitspindel: 8 mm,
Steigung des verlangten Gewindes: 2 mm,
Drehspindelrad: 15, 20, 25, 30 Zähne,
Leitspindelrad: ? Zähne.

11. Steigung der Leitspindel: 6 mm,
Steigung des verlangten Gewindes: 9 mm,
Drehspindelrad: 60, 75, 90, 120 Zähne,
Leitspindelrad: ? Zähne.

12. Steigung der Leitspindel: 5 mm,
Steigung des verlangten Gewindes: $1\frac{1}{4}$ mm,
Leitspindelrad: 120, 100, 80, 60 Zähne,
Drehspindelrad: ? Zähne.

13. Steigung der Leitspindel: 10 mm,
Steigung des verlangten Gewindes: $17\frac{1}{2}$ mm,
Leitspindelrad: 20, 24, 40, 60 Zähne,
Drehspindelrad: ? Zähne.

14. Steigung der Leitspindel: 8 mm,
Steigung des verlangten Gewindes: $1\frac{3}{5}$ mm,
Drehspindelrad: 15, 18, 20, 25 Zähne.
Leitspindelrad: ? Zähne.

c) Leitspindel Zoll, verlangtes Gewinde metrisch.

15. Steigung der Leitspindel: $\frac{1}{2}''$,
Steigung des verlangten Gewindes: 4 mm.
Bestimme das Verhältnis der Wechselräder!

Lösung: $L:D = \frac{1}{2}'' : 4$ mm,
$L:D = 12{,}7 : 4$,
$L:D = 127 : 40$

oder
$D:L = 4 : 12{,}7$,
$D:L = 40 : 127$.

Merke: $1'' = 25{,}4$ mm.

Anmerkung: Um auf einer Drehbank, die eine Leitspindel mit Zollsteigung hat, Gewinde mit Millimetersteigung schneiden zu können, ist auf der Leitspindel ein Rad mit 127 Zähnen erforderlich. Ist ein 127er Rad nicht vorhanden und sind kleine Fehler zulässig, so lassen sich die Gewinde auch ohne das 127er Rad schneiden. Darauf soll hier nicht eingegangen werden.

16. Steigung der Leitspindel: $\frac{1}{3}''$,
Steigung des verlangten Gewindes: 2 mm,
Leitspindelrad: 127 Zähne,
Drehspindelrad: ? Zähne.

Lösung: $D:L = 2\text{ mm} : \frac{1}{3}''$,
$D:L = 6\text{ mm} : 1''$,
$D:L = 3\text{ mm} : \frac{1}{2}''$,
$D:L = 3\text{ mm} : 12{,}7\text{ mm}$,
$D:L = 3 : 12{,}7 = 30 : 127$.

Also Drehspindelrad = 30 Zähne.

17. Steigung der Leitspindel: $\frac{1}{4}''$,
Steigung des verlangten Gewindes: 1, 2,5, 3,5 mm,
Leitspindelrad: 127 Zähne.
Drehspindelrad: ? Zähne.

18. Steigung der Leitspindel: $\frac{1}{5}''$,
Steigung des verlangten Gewindes: 2, 3, $1\frac{2}{5}$ mm,
Leitspindelrad: 127 Zähne.
Drehspindelrad: ? Zähne.

d) Leitspindel metrisch, verlangtes Gewinde Zoll.

19. Steigung der Leitspindel: 5 mm,
Steigung des verlangten Gewindes: $\frac{1}{4}''$,
Bestimme das Verhältnis der Wechselräder!

Lösung: $L:D = 5\ \text{mm} : \frac{1}{4}''$, $L:D = 100:127$

$L:D = 20\ \text{mm} : 1''$, oder

$L:D = 20\ \text{mm} : 25{,}4\ \text{mm}$, $D:L = 127:100$.

$L:D = 200:254$,

Anmerkung: Um auf einer Drehbank, die eine Leitspindel mit Millimetersteigung hat, Gewinde mit Zollsteigung schneiden zu können, ist auf der Drehspindel ein Rad mit 127 Zähnen erforderlich.

20. Steigung der Leitspindel: 6 mm,
Steigung des verlangten Gewindes: $\frac{1}{4}''$, $\frac{1}{3}''$, $\frac{1}{2}''$,
Drehspindelrad: 127 Zähne.
Leitspindelrad: ? Zähne.

21. Steigung der Leitspindel: 8 mm,
Steigung des verlangten Gewindes: $1''$, $\frac{8}{9}''$, $\frac{2}{3}''$,
Drehspindelrad: 127 Zähne.
Leitspindelrad: ? Zähne.

22. Steigung der Leitspindel: 10 mm,
Steigung des verlangten Gewindes: $\frac{1}{2}''$, $\frac{2}{5}''$, $\frac{2}{3}''$,
Drehspindelrad: 127 Zähne.
Leitspindelrad: ? Zähne.

23. Steigung der Leitspindel: 12 mm,
Steigung des verlangten Gewindes: $\frac{1}{2}$ mm,
Bestimme die Wechselräder!

Lösung: $D:L = \frac{1}{2}:12 = 1:24$.

Das Verhältnis der Wechselräder ist 1 : 24, d. h. wählt man das Drehspindelrad mit 20 Zähnen, so erhält das Rad auf der Leitspindel 480 Zähne. Da ein Rad mit 480 Zähnen bei der Drehbank nicht vorhanden ist, verfährt man in folgender Weise:

$D:L = 1:24 = \frac{1}{24}$, oder

$D:L = \frac{1}{4}\cdot\frac{1}{6}$ (in 2 Teile zerlegt), $D:L = \frac{20}{80}\cdot\frac{20}{120}$ (mit 20 erweitert).

Man erhält dadurch 4 Räder mit den Zähnezahlen: 20, 80 und 20, 120. Sie sind nach Fig. 5 aufzustecken und bilden eine doppelte Übersetzung.

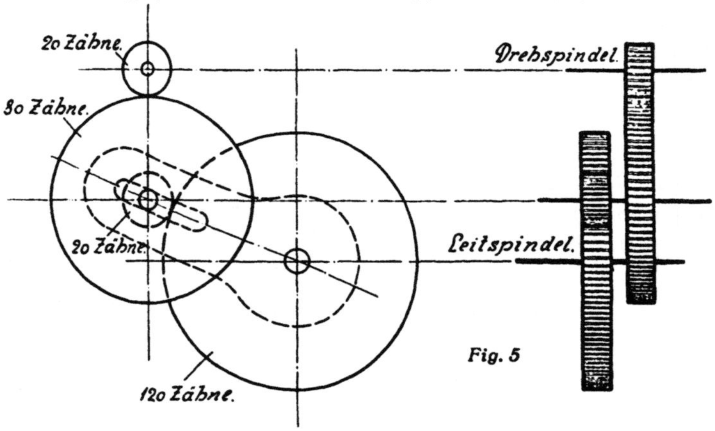

Fig. 5

Das Erweitern der Brüche kann ganz beliebig geschehen und richtet sich nach den vorhandenen Wechselrädern; z. B.:

$$D : L = \tfrac{1}{4} \cdot \tfrac{1}{6},$$
$$D : L = \tfrac{30}{120} \cdot \tfrac{20}{120},$$

so daß man 4 Räder mit den Zähnezahlen: 30, 120 und 20, 120 erhält.

24. Eine Drehbank hat folgende Wechselräder: 18, 20, 30, 30, 32, 40, 42, 46, 50, 55, 60, 65, 70, 75, 80, 90, 95, 120 Zähne.
Steigung der Leitspindel: $\frac{1}{2}$",
Steigung des verlangten Gewindes: $\frac{1}{20}$", $\frac{1}{16}$", $\frac{1}{10}$".
Bestimme die Wechselräder und gib an, wie sie an der Drehbank anzubringen sind! Wenn passende Räder für einfache Übersetzung nicht vorhanden sind, dann doppelte Übersetzung. (Vergleiche Lösung zu Aufg. 23.)

25. Eine Drehbank hat die Wechselräder wie in Aufg. 24.
Leitspindel: 4 Gänge auf 1",
Verlangtes Gewinde: 20, 18, 10, 5 Gänge auf 1".
Bestimme die Wechselräder und gib an, wie sie an der Drehbank anzubringen sind!

Die Arbeitszeit bei Maschinenarbeiten.

Zur Berechnung der Arbeitszeit bei Maschinenarbeiten braucht man außer den sonst notwendigen Angaben die Schnittgeschwindigkeit und den Vorschub. Unter Schnittgeschwindigkeit versteht man den Weg, den die Schneidspitze eines Werkzeugs in einer Sekunde durchläuft. Die Schnittgeschwindigkeit wird in Millimetern angegeben. Unter Vorschub versteht man die Vorwärtsschaltung des Werkzeuges oder Arbeitsstückes. Er ist für die Weiterbearbeitung des Arbeitsstückes notwendig und wird in Millimetern angegeben. Schnittgeschwindigkeit und Vorschub richten sich nach der Härte des Arbeitsstückes und nach der Eigenschaft des Werkzeugstahls. Die Schnittgeschwindigkeit wird von den Werkzeugstahlfabriken für die verschiedenen Stahlsorten angegeben. Für den Arbeiter ist es wichtig, dieselbe zu kennen, um die Umdrehungszahl oder den Hub danach einstellen zu können. Wird sie zu groß gewählt, so wird die Schneide des Werkzeugs durch Erhitzen schadhaft; bei zu klein gewählter Schnittgeschwindigkeit wird die Leistungsfähigkeit der Maschine und des Werkzeugs nicht voll ausgenutzt. Das in vorstehendem über die Schnittgeschwindigkeit Gesagte gilt sinngemäß auch für den Vorschub.

1. Drehen.

Beim Drehen wird der Schnitt durch die Drehbewegung des Arbeitsstückes hervorgerufen, während der Drehstahl feststeht. Die Schnittbewegung ist also kreisförmig. Der Vorschub oder die Schaltung geschieht am Drehstahl und verläuft entweder geradlinig oder krummlinig.

Tabelle für Schnittgeschwindigkeiten und Vorschübe beim Drehen.

Material	Gewöhnlicher Werkzeugstahl		Schnellarbeitsstahl	
	Schnittgeschwindigkeit	Vorschub	Schnittgeschwindigkeit	Vorschub
Gußeisen . . .	100—200 mm/sec.	0,1—3 mm/Umdrehg.	250—340 mm/sec.	0,5—5 mm/Umdrehg.
Schmiedeeisen .	160—220 „	0,1—3 „	340—500 „	0,5—5 „
Maschinenstahl	130—200 „	0,1—3 „	250—400 „	0,5—5 „
Bronze, Rotguß, Messing	250—500 „	0,1—3 „	330—650 „	0,1—3 „

1. Bestimme die Schnittgeschwindigkeit in Millimetern pro Sekunde bei:

	a)	b)	c)	d)	
	50,	65,	80,	100	mm Durchmesser
und	45,	40,	30,	22	Umdrehg./min.

Merke: $\text{Schnittgeschwindigkeit} = \frac{\text{Umfang} \times \text{Umdrehung}}{60}$.

2. Bestimme die Umdrehungen in der Minute bei:

	a)	b)	c)	d)	
	50,	75,	90,	140	mm Durchmesser
und	110,	120,	130,	160	mm/sec. Schnittgeschwindigkeit.

Merke: $\text{Umdrehg.} = \frac{\text{Schnittgeschwindigkeit} \times 60}{\text{Umfang}}$.

Da bei Werkzeugmaschinen immer nur bestimmte Umdrehungen möglich sind, wählt man diejenige Umdrehung, die der rechnerisch ermittelten am nächsten liegt.

3. Der Vorschub eines Drehstahls sei: a) 0,5, b) 0,7, c) 1, d) 2 mm/Umdrehg. Bestimme den Vorschub in 1 Minute, wenn das Arbeitsstück 120 Umdrehg./min. macht.

4. Eine Welle von 1200 mm Länge soll abgedreht werden. Bestimme die Anzahl der Umdrehungen, die dieselbe machen muß bei einem Vorschub von: a) 0,6, b) 0,8, c) 1,2, d) 1,5, e) 2 mm/Umdrehg.

5. Auf einer Drehbank sind folgende Umdrehungen in der Minute möglich: 360, 190, 110, 60, 40, 22, 14 und 8. Bestimme, mit welcher von diesen Umdrehungen der Dreher arbeiten muß, wenn eine Welle aus Flußeisen von 120 mm Durchmesser mit einer Schnittgeschwindigkeit von 130 mm/sec. abgedreht werden soll!

6. Die in Fig. 1 angegebene Welle aus Maschinenstahl soll mit einem *Span* überdreht werden. Auf der Drehbank sind die in Aufg. 5 angegebenen Umdrehungen möglich. Die Schnittgeschwindigkeit des Schnellarbeitsstahls sei 300 mm/sec., der Vorschub 1,5 mm/Umdrehg. a) Welche Umdrehungszahl muß der Dreher wählen? b) Wieviel Millimeter beträgt der Vorschub in 1 Minute? c) Wie lange dauert das ganze Abdrehen der Welle?

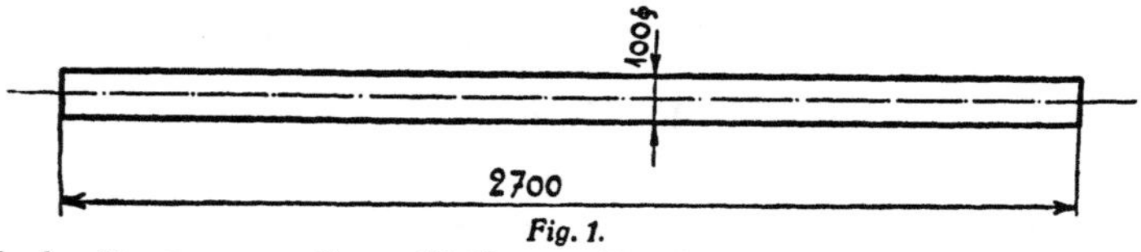

Fig. 1.

7. Die in Fig. 2 angegebene Welle aus Maschinenstahl soll in 2 Schnitten mit gewöhnlichem Werkzeugstahl abgedreht werden. Bestimme die Drehzeit bei folgenden Annahmen: Schrubbspan mit einer Schnittgeschwindigkeit von 120 mm/sec. und 0,625 mm Vorschub/Umdrehg., Schlichtspan mit einer Schnittgeschwindigkeit von 150 mm/sec. und 0,4 mm Vorschub/Umdrehg. Zeit für Ankörnen, Ausrichten, Geradedrehen der beiden Stirnseiten $4\frac{1}{2}$ Std. Beachte: Umdrehungen nach oben auf Ganze aufrunden.

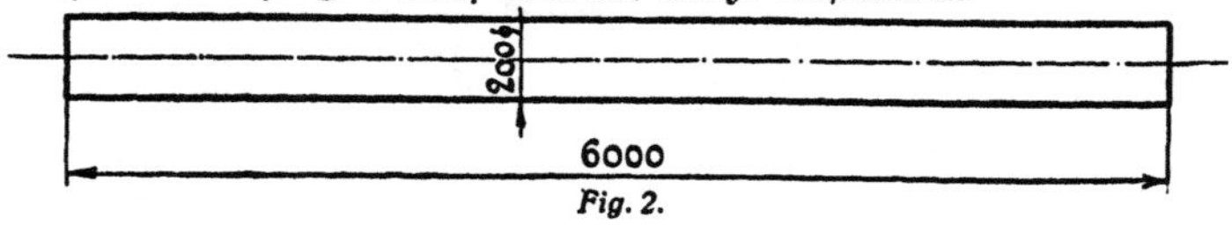

Fig. 2.

8. Die in vorstehender Aufgabe angegebene Welle soll mit Schnellarbeitsstahl bearbeitet werden. a) Bestimme die Drehzeit bei folgenden Annahmen: Schrubbspan mit einer Schnittgeschwindigkeit von 310 mm/sec. und 0,8 mm Vorschub. Schlichtspan mit einer Schnittgeschwindigkeit von 360 mm/sec. und 0,6 mm Vorschub. b) Bestimme den Unterschied der Drehzeit bei Verwendung von Schnellarbeitsstahl gegenüber gewöhnlichem Werkzeugstahl!

9. Es sind 50 Wellen aus Maschinenstahl wie in Fig. 3 angegeben in 2 Schnitten zu bearbeiten.

1. Schnitt: Schnittgeschwindigkeit 120 mm/sec., Vorschub 1 mm/Umdrehg.
2. Schnitt: „ 150 „ „ 0,6 „

Zeit für Ankörnen, Ausrichten, Auf- und Abspannen, Geradedrehen der beiden Endflächen 20 Minuten für 1 Welle. Bestimme: a) die Zeit für das Bearbeiten 1 Welle, b) die Zeit für das Bearbeiten von 50 Wellen, c) den Stundenlohn, auf den ein Dreher kommt, wenn er für 1 Welle 1,20 ℳ Akkordlohn erhält.

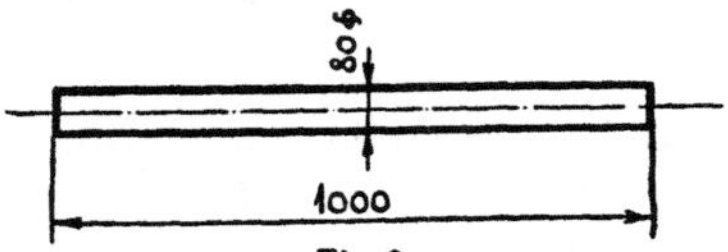

Fig. 3.

Beachte: Umdrehungen und Minuten auf Ganze nach oben aufrunden

2. Hobeln.

Bei der Hobelmaschine ist die Schnittbewegung geradlinig. Sie kommt in der Regel zustande durch die Vor- und Rückwärtsbewegung des Arbeitstisches, auf dem das Werkstück aufgespannt ist. Durch die Vorwärtsbewegung, den Arbeitshub, wird der Span abgehoben, während die Rückwärtsbewegung gewöhnlich ein nicht ausgenutzter Leerhub ist. Durch Einbau entsprechender Getriebe erreicht man eine größere Rücklaufgeschwindigkeit als Schnittgeschwindigkeit und kürzt damit den Zeitverlust während des Leerhubes ab. Arbeitshub und Leerhub nennt man Arbeitsgang. Vor jedem Arbeitshub wird das Werkzeug um eine Spandicke seitwärts geschoben. Diese Bewegung nennt man Schaltung. Zur Ausführung der Schaltung, sowie zur Änderung der Bewegungsrichtung muß das Werkstück an jedem Ende 20 bis 30 mm über die Schneidspitze des Hobelstahles hinweglaufen. Dies nennt man Überlauf

Tabelle für Schnittgeschwindigkeiten und Vorschübe beim Hobeln und Stoßen.

Material	Gewöhnlicher Werkzeugstahl		Schnellarbeitsstahl	
	Schnittgeschwindigkeit	Vorschub	Schnittgeschwindigkeit	Vorschub
Gußeisen . . .	85—170 mm/sec.	0,1—5 mm/Hub	170—250 mm/sec.	0,5—10 mm Hub
Schmiedeeisen . .	100—200 „	0,1—5 „	170—250 „	0,5—10 „
Maschinenstahl .	85—170 „	0,1—5 „	170—250 „	0,5—10 „
Bronze, Rotguß, Messing . . .	170—340 „	0,01—6 „		

1. Die Schnittgeschwindigkeit sei: a) 100, b) 120, c) 150, d) 200, e) 250 mm/sec. Bestimme die Rücklaufgeschwindigkeit, wenn dieselbe: a) 2mal, b) 1,5mal, c) 2,5mal so groß ist.

2. Ein Werkstück von 1200 mm Länge und 600 mm Breite soll in der Längsrichtung überhobelt werden. Bestimme die Anzahl der Arbeitsgänge bei: a) 0,5, b) 0,8, c) 1,2, d) 1,5, e) 2,5 mm Schaltung. Wie lang ist der einzelne Arbeitsweg bei einem Überlauf von: a) 20, b) 25, c) 30 mm an jedem Ende?

3. Für eine auszuführende Hobelarbeit sind folgende Angaben vorhanden:

Arbeitsweg:	a) 1200,	b) 1440,	c) 2520 mm,
Schnittgeschwindigkeit:	100,	120,	140 mm/sec.,
Rücklaufgeschwindigkeit:	200,	180,	280 mm/sec.

Wieviel Sekunden dauert: 1. der Arbeitshub, 2. der Leerhub, 3. der Arbeitsgang?

Merke: $\text{Arbeitshub} = \frac{\text{Arbeitsweg}}{\text{Schnittgeschwindigkeit}}$; $\text{Leerhub} = \frac{\text{Arbeitsweg}}{\text{Rücklaufgeschwindigkeit}}$;
$\text{Arbeitsgang} = \text{Arbeitshub} + \text{Leerhub}$.

4. Die gußeiserne Richtplatte Fig. 4 soll in der Längsrichtung mit 1 Span überhobelt werden. Es sei: Schnittgeschwindigkeit 140 mm/sec., Rücklaufgeschwindigkeit 280 mm/sec., Überlauf an jedem Ende 20 mm, Schaltung 1,2 mm nach jedem Arbeitsgang. Bestimme: a) die Zeit für den Arbeitshub; b) die Zeit für den Leerhub; c) die Zeit für den Arbeitsgang; d) die Anzahl der erforderlichen Arbeitsgänge; e) die Zeit für das vollständige Bearbeiten der Platte, wenn für Aufspannen, Ausrichten, Abspannen usw. $1\frac{1}{2}$ Std. angenommen werden.

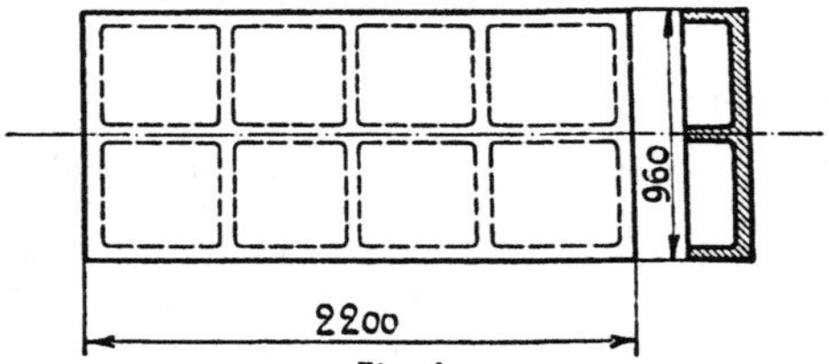

Fig. 4.

5. Für das Bearbeiten der in Aufg. 4 bezeichneten Richtplatte wird ein Akkordsatz von 4,50 ℳ gezahlt. Auf welchen Stundenlohn kommt hierbei der Arbeiter?

Die Bearbeitung ebener Flächen auf der Hobelmaschine wird oft auch durch Einheitssätze berechnet, die durch Erfahrung gewonnen wurden. Man gibt dann die Zeit an, die für die Bearbeitung von 1 qcm erforderlich ist.

6. Folgende Flächen sind in der Längsrichtung zu hobeln:

	a) 800 : 400,	b) 1000 : 600,	c) 1440 : 800 mm
bei	25,	20,	30 mm Überlauf.

Bestimme: 1. die Größe der zu bearbeitenden Flächen in qcm; 2. die Zeit für die Bearbeitung, wenn für 1 qcm $\frac{3}{4}$ Sekunden gerechnet werden.

3. Stoßen.

Die Berechnung der Arbeitszeit beim Stoßen erfolgt in der gleichen Weise wie beim Hobeln. Die Stoßmaschine hat einen auf- und abgehenden Stößel mit beschleunigtem Rückhub. Die Schnittbewegung ist also wie bei der Hobelmaschine geradlinig. Der Aufspanntisch vollführt mit dem Werkstück die Schaltbewegung. Die Schaltung verläuft entweder geradlinig, oder der Aufspanntisch dreht sich, wodurch eine krummlinige Schaltung erreicht wird. Dadurch ist es möglich, die verschiedensten Kurven und Krümmungen zu bearbeiten.

1. Die Rundungen *a—c* und *b—d* der Kurbel Fig. 5 sollen in einem Schnitt auf einer Stoßmaschine bearbeitet werden. Es sei: Schnittgeschwindigkeit 140 mm/sec., Rücklaufgeschwindigkeit 280 mm/sec., Überlauf an jedem Ende 25 mm, Schaltung 0,9 mm pro Arbeitshub, Zeit für Aufspannen, Ausrichten, Umspannen und Abspannen 25 Minuten Bestimme: a) die Länge der beiden zu bearbeitenden Kurven; b) die Zeit für einen Arbeitsgang; c) die Anzahl der erforderlichen Arbeitsgänge; d) die Zeit der Bearbeitung.

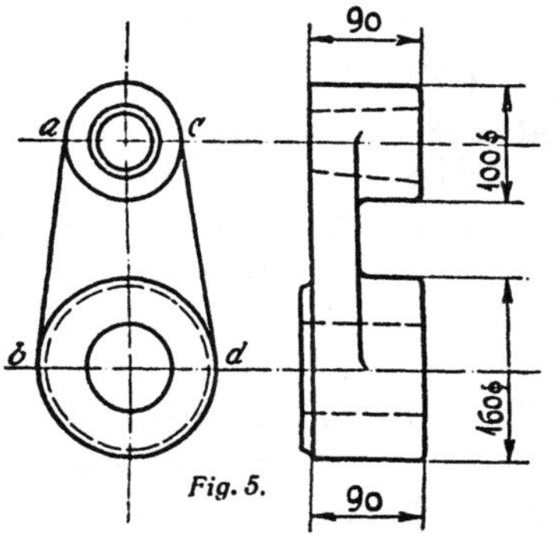

Fig. 5.

Beachte: Arbeitsgänge nach oben auf Ganze aufrunden.

Der Einfachheit halber sei angenommen, daß die Linien *a—b* und *c—d* auf den Mittellinien tangieren und die Rundungen Halbkreise bilden.

4. Bohren.

Beim Bohren wird die Schnittbewegung durch die Umdrehung des Bohrers hervorgerufen. Neben der Schnittbewegung macht der Bohrer eine geradlinige Schaltbewegung. Man unterscheidet zwei Hauptgruppen von Bohrmaschinen: 1. Lochbohrmaschinen, die Löcher aus dem vollen Material bohren; 2. Ausbohrmaschinen, die bereits vorhandene Löcher vergrößern.

Die Lochbohrmaschinen kommen hauptsächlich zum Bohren von kleineren Löchern in Anwendung, welches am besten mit einem Spiralbohrer erfolgt. Die Ausbohrmaschinen werden mehr zum Ausbohren größerer Bohrungen (Lager, Zylinder usw.) benutzt und arbeiten dann mittels einer Bohrstange, auf welche Bohrmesser oder Bohrstähle aufgesetzt werden.

Zur Berechnung der Arbeitszeit beim Bohren braucht man die Umdrehungszahl des Bohrers in der Minute und den Vorschub für 1 Umdrehung. Beide richten sich nach der Härte des Arbeitsstückes, der Eigenschaft des Werkzeugstahls und dem Durchmesser des Bohrers. Um die Umdrehungszahl eines Bohrers feststellen zu können, muß man seine zulässige Umfangsgeschwindigkeit kennen. Man versteht darunter den Weg in Metern, den ein Punkt am Umfang des Bohrers in 1 Minute zurücklegt.

Tabelle für Umfangsgeschwindigkeiten und Vorschübe beim Bohren.

Material	Gewöhnlicher Werkzeugstahl		Schnellarbeitsstahl	
	Umfangsgeschwindigkeit	Vorschub	Umfangsgeschwindigkeit	Vorschub
Gußeisen . . .	8—12 m/min.	0,1—0,5 mm/Umdrehg.	16—20 m/min.	0,2—2 mm/Umdrehg.
Schmiedeeisen .	10—15 „	0,1—0,5 „	18—25 „	0,2—1,5 „
Maschinenstahl	6—10 „	0,1—0,5 „	15—20 „	0,2—1,5 „
Bronze, Rotguß, Messing	16—20 „	0,1—1 „	25—35 „	0,1—1 „

1. Ein Spiralbohrer von:

a) 5, b) 10, c) 15, d) 30, e) 50 mm Durchmesser
macht 580, 260, 180, 160, 125 Umdrehg./min.

Bestimme die Umfangsgeschwindigkeit in Metern pro Minute!

Merke: $\text{Umfangsgeschwindigkeit} = \frac{\text{Umfang} \times \text{Umdrehungen}}{1000}$

2. Die zulässige Umfangsgeschwindigkeit sei:

a) 6, b) 8, c) 10, d) 15, e) 20 m/min.
bei 10, 15, 20, 30, 50 mm Durchmesser.

Bestimme die zu wählende Umdrehungszahl!

Merke: $\text{Umdrehungszahl} = \dfrac{\text{Umfangsgeschwindigkeit in mm}}{\text{Umfang}}$.

Die Umdrehungen sind nach oben oder unten auf Ganze aufzurunden. Bei einer Maschine ist die Umdrehungszahl zu wählen, die der rechnerisch ermittelten am nächsten liegt.

3. Ein Spiralbohrer macht:

a) 320, b) 210, c) 160, d) 125 Umdrehg./min.
bei 0,1, 0,3, 0,5, 0,6 mm Vorschub/Umdrehg.

Bestimme die Schaltung des Bohrers in 1 Minute!

4. In ein Werkstück aus Maschinenstahl sind 6 Löcher von 40 mm Durchmesser und 160 mm Tiefe zu bohren. Der Spiralbohrer (Schnellarbeitsstahl) arbeitet mit 150 Umdrehg./min. und 0,5 mm Vorschub/Umdrehg. Für Ansetzen des Bohrers und Ausrichten werden 2 Minuten für jedes Loch gerechnet. Bestimme: a) die Umfangsgeschwindigkeit des Bohrers und vergleiche sie mit der Tabelle; b) die Gesamtbohrtiefe der 6 Löcher; c) den Schaltweg des Bohrers in 1 Minute; d) die gesamte Arbeitszeit für das Bohren der 6 Löcher!

5. Die in Aufg. 4 angegebenen 6 Löcher sollen mittels Spiralbohrer aus gewöhnlichem Werkzeugstahl gebohrt werden. Der Bohrer arbeitet dann mit 60 Umdrehg./min. bei 0,2 mm Vorschub. Bestimme: a) die Umfangsgeschwindigkeit des Bohrers und vergleiche sie mit der Tabelle; b) die gesamte Arbeitszeit für das Bohren der 6 Löcher; c) vergleiche den Unterschied in den Arbeitszeiten zwischen dem Bohren mit Schnellarbeitsstahl und gewöhnlichem Werkzeugstahl!

6. Der in Fig. 6 angegebene Zylinder aus Gußeisen soll in 2 Schnitten auf einem Vertikal-Bohrwerk ausgebohrt werden. Das Bohrwerk arbeitet wie folgt:

1. Schnitt mit 2 Umdrehg./min. und 2,4 mm Vorschub/Umdrehg.
2. Schnitt „ 2,4 „ „ 1,5 „ „

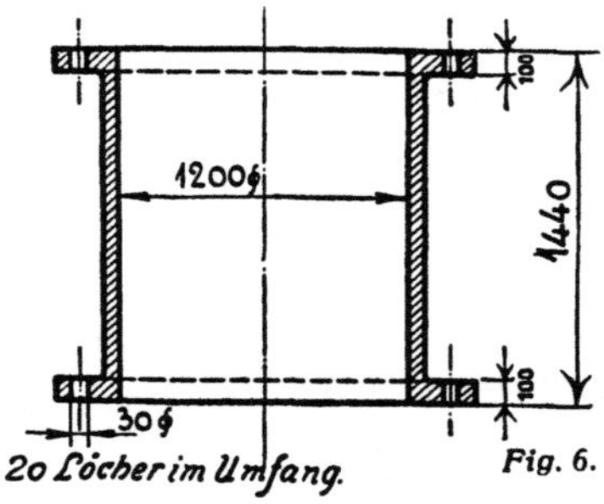

Fig. 6.

Bestimme: a) die Zylinderlänge, die beim 1. Schnitt in 1 Minute bearbeitet wird; b) die Zylinderlänge, die beim 2. Schnitt in 1 Minute bearbeitet wird; c) die Zeitdauer für den 1. Schnitt; d) die Zeitdauer für den 2. Schnitt; e) die Zeitdauer für die ganze Bearbeitung, wenn für Aufspannen, Ausrichten, Bearbeitung der Flanschen und Abspannen 4 Std. gerechnet werden.

7. Der obere und untere Flansch des Zylinders Fig. 6 soll mit je 20 Löchern von 30 mm ɸ versehen werden. Es sei folgendes angenommen:

Umfangsgeschwindigkeit des Bohrers 8 m/min.,
Vorschub " 0,2 mm/Umdrehg.

Bestimme: a) die zu wählende Umdrehungszahl (abrunden!); b) den Vorschub des Bohrers in 1 Minute; c) die gesamte Länge der zu bohrenden Löcher; d) die gesamte Bohrzeit, wenn für Aufspannen, Ausrichten, Umwenden und Abspannen 2 Std. gerechnet werden!

Beachte: Zeit auf ganze Stunden aufrunden.

5. Fräsen.

Beim Fräsen wird die **Schnittbewegung** durch die **Umdrehung** des **Fräsers** hervorgerufen. Das auf dem Arbeitstisch aufgespannte **Werkstück** führt die **Schaltbewegung** aus. Beim Fräsen ist die Wahl der richtigen **Schnittgeschwindigkeit** sowie des **Vorschubs** von großer Wichtigkeit. Über den **Vorschub** lassen sich keine bestimmten Angaben machen. Er wird sich nach der Durchzugskraft der Maschine richten müssen. Man hat jedoch dabei Rücksicht zu nehmen auf die Sauberkeit der Arbeit und auf die Durchbiegung des Arbeitsstückes, sowie des Dorns, auf dem der Fräser aufgespannt ist.

Tabelle für Schnittgeschwindigkeiten beim Fräsen.

Material	Gewöhnlicher Werkzeugstahl	Schnellarbeitsstahl
Gußeisen	160—250 mm/sec.	400—650 mm/sec.
Schmiedeeisen	200—300 "	500—800 "
Maschinenstahl	160—250 "	400—650 "
Bronze, Rotguß, Messing . . .	400—650 "	650—1100 "

1. Bestimme die Schnittgeschwindigkeit eines Fräsers bei:

a) 70, b) 90, c) 150, d) 175 mm Fräserdurchmesser
und 50, 35, 30, 36 Umdrehg./min.

Merke: $\text{Schnittgeschwindigkeit} = \frac{\text{Umfang} \times \text{Umdrehung}}{60}$

2. Bestimme die Umdrehungen eines Fräsers von:

a) 120, b) 140, c) 180, d) 220 mm Durchmesser
bei 160, 180, 200, 300 mm/sec. Schnittgeschwindigk.

Merke: $\text{Umdrehungszahl} = \frac{\text{Schnittgeschwindigkeit} \times 60}{\text{Umfang}}$.

3. Der Vorschub eines Fräsers sei:

a) 0,2, b) 0,3, c) 0,5, d) 0,8, e) 1,2 mm/Umdrehg.
bei 20, 25, 32, 40, 50 Umdrehg./min.

Bestimme den Vorschub in 1 Minute!

4. Ein Werkstück von 760 mm Länge soll in 1 Schnitt gefräst werden. Durchmesser des Fräsers 120 mm, Schnittgeschwindigkeit 200 mm/sec., Vorschub 0,5 mm/Umdrehg. Bestimme: a) die Umdrehungszahl (nach oben aufrunden!); b) den Vorschub in 1 Minute; c) die Dauer der Arbeit, wenn der Fräser an jedem Ende 20 mm überläuft.

Beim Fräsen wird der Vorschub zweckmäßig schon 20 bis 30 mm früher eingeschaltet als der Fräser anschneidet. Im anderen Falle rennt der Fräser leicht an und zerbricht. Ebenso soll man ihn 20 bis 30 mm über das Werkstück hinauslaufen lassen.

5. Es sollen 4 Stück Beilagen nach Fig. 7 aus Maschinenstahl mit Ausnahme der beiden Kopfflächen einzeln gefräst werden. Es sei: Fräserdurchmesser 100 mm, Umdrehungen des Fräsers in 1 Minute 50, Vorschub 0,8 mm/Umdrehg., Überlauf an jedem Ende 20 mm. Bestimme: a) die Schnittgeschwindigkeit in mm/sec. und vergleiche sie mit der Tabelle; b) den Vorschub in 1 Minute; c) die Zeit für das Bearbeiten 1 Fläche; d) die Zeit für das Bearbeiten der 4 Beilagen, wenn für Aufspannen, Richten usw. 20 Minuten für die Beilage gerechnet werden.

Fig. 7.

6. Das in Fig. 8 angegebene Zahnrad aus Gußeisen soll auf einer Zahnradfräsmaschine mit Zähnen versehen werden. Es sei: Fräserdurchmesser 120 mm, Umdrehungen des Fräsers 30 in der Minute, Vorschub 0,6 mm/Umdrehg., Überlauf an jedem Ende 20 mm. Bestimme: a) den Vorschub des Fräsers in 1 Minute; b) die Zeit für das Fräsen von 1 Zahn; c) die Zeit für das Fräsen von 60 Zähnen; d) die Zeit für die ganze Arbeit, wenn für das Einrichten, Auf- und Abspannen des Zahnrades 35 Minuten, sowie für das Zurückkurbeln und Weiterteilen pro Zahn $\frac{3}{4}$ Minuten gerechnet werden.

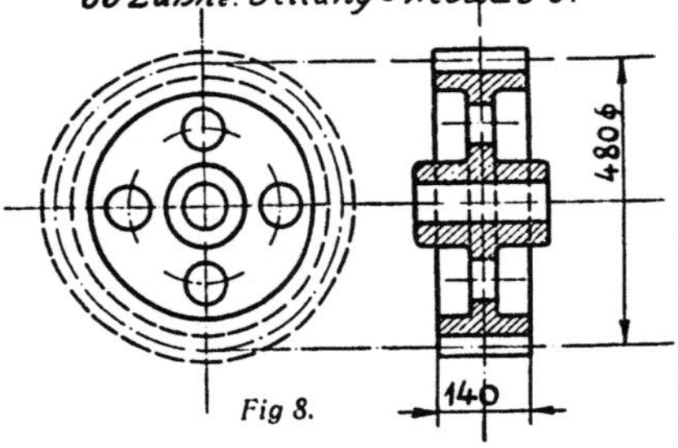

Fig 8.

Kostenberechnung.

Unter Kostenberechnung (Kalkulieren) versteht man die Berechnung des **Verkaufspreises** für fertige Gegenstände. Der **Verkaufspreis** setzt sich aus folgenden Teilen zusammen: 1. **Materialkosten**, 2. **Arbeitslöhne**, 3. **allgemeine Geschäftsunkosten**, 4. **Gewinn**.

Die ersten 3 Teile ergeben den **Selbstkostenpreis**. Bei der Berechnung der **Materialkosten** bestimmt man zunächst das Gewicht nach Zeichnung unter Anwendung des spezifischen Gewichtes oder nach einer Gewichtstabelle. Hierbei muß ein gewisser **Zuschlag** (etwa 10—20 %) für Materialabfall oder Abbrand, Fracht, Zoll, Verpackung, Lagerung des Materials usw. eingesetzt werden. Zur Bestimmung der **Arbeitslöhne** wird zunächst die erforderliche Arbeitszeit festgestellt. Die Arbeitszeit wird alsdann mit dem jeweiligen Lohnsatz vervielfacht Es sind nur diejenigen Arbeitslöhne einzusetzen, die auf die unmittelbare Herstellung des Gegenstandes verwendet werden. Man nennt dieselben, weil sie an der Herstellung oder Produktion beteiligt sind, **Produktivlöhne**. Die **unproduktiven Löhne**, nämlich die Löhne der Arbeiter und Beamten (Hilfsarbeiter, Platzarbeiter, Magazinverwalter, Meister, technische und kaufmännische Beamte), die mit der Herstellung direkt nichts zu tun haben, werden in den allgemeinen Geschäftsunkosten verrechnet. Die **allgemeinen Geschäftsunkosten** ergeben sich aus der Buchführung des verflossenen Jahres und setzen sich wie folgt zusammen:

1 Raumkosten: Verzinsung und Abschreibung des Gebäudewertes (bei gemieteten Räumen ist die Miete einzusetzen), Instandhaltung, Beleuchtung und Heizung der Gebäude.

2. Einrichtungskosten: Verzinsung des Anlage- und Betriebskapitals, Abschreibungen und Instandhaltungskosten für Maschinen, Werkzeuge, Mobilien usw.

3 Betriebskosten: Ausgaben für Betriebskraft (Kohlen, elektrischer Strom, Gas, Benzin, Öl usw.), Schmier- und Putzmittel, Bezüge des Betriebspersonals (Betriebsingenieur, Werkmeister, Maschinisten, Heizer usw.), Gewerbesteuer.

4. Bürokosten: Gehälter der Bürobeamten, Kosten des Büromaterials, staatliche Versicherungen, Prozeßkosten, Nachlässe an Lieferungen, Ausgaben für Geschäftsreisen, Drucksachen, Empfehlungen. Porto, Telegramme, Fernsprechgebühren usw.

Die allgemeinen Geschäftsunkosten können nicht in der Weise für jedes Arbeitsstück berechnet werden wie die Materialkosten und die produktiven Löhne. Sie müssen jedoch so auf die erzeugten Gegenstände verteilt werden, daß am Ende des Abrechnungsjahres alle Unkosten gedeckt sind. Eine allgemein gültige Art der Verteilung der allgemeinen Geschäftsunkosten läßt sich nicht angeben. Sie wird für jeden Betrieb eine andere sein müssen. Üblich ist die Verteilung: 1. auf die Arbeitslöhne (produktive Löhne), 2. auf die Arbeitsstunden (produktive Arbeitsstunden), 3. auf Materialkosten und Arbeitslöhne. Die Verteilung auf die produktiven Löhne ist wohl die zweckmäßigste und gebräuchlichste, denn je mehr Löhne eine Arbeit erfordert, um so mehr Zeit wird auf die Herstellung verwendet. Die Arbeit wird also einen entsprechend größeren Teil der allgemeinen Unkosten tragen müssen. Eine Verteilung auf die produktiven Arbeitsstunden wird dort angewandt, wo annähernd gleiche Stundenlöhne gezahlt werden. Bei einer Verteilung auf Material und produktive Löhne werden Arbeitsstücke, die sehr schwer sind oder aus teurem Material hergestellt sind, zu teuer berechnet und umgekehrt. Diese Art der Verteilung wird sich da anwenden lassen, wo Gegenstände gleicher Art aus gleichem Material hergestellt werden.

In großen Betrieben, die mehrere Abteilungen, wie Dreherei, Schlosserei, Schmiede, Montage usw. haben, werden die Unkosten für jede Abteilung ermittelt. Man rechnet nicht mit allgemeinen Geschäftsunkosten des ganzen Betriebes. Wie man für einen Gegenstand die Material- und Lohnkosten ermittelt, setzt man auch die allgemeinen Unkosten der Einzelbetriebe ein, die er zu seiner Bearbeitung durchlaufen muß. Der Unkostenzuschlag für die allgemeinen Geschäftsunkosten wird dann besonders berechnet.

Der Gewinn schwankt zwischen 10 und 25% des Selbstkostenpreises. In schlechten Zeiten wird man mit niedrigerem, in besseren Zeiten mit höherem Gewinn rechnen.

In den folgenden Aufgaben soll die Verteilung der allgemeinen Geschäftsunkosten auf die produktiven Löhne erfolgen.

Beispiel für die Verteilung der allgemeinen Geschäftsunkosten einer Maschinenfabrik mit etwa 200 Arbeitern und Lehrlingen.

1. Raumkosten	20500,— M
2. Einrichtungskosten	39000,— "
3. Betriebskosten	175000,— "
4. Bürokosten	28500,— "
Summe der allgemeinen Geschäftsunkosten für das Jahr	**263000,— M**
An produktiven Löhnen sind im Geschäftsjahre gezahlt worden:	**315000,— M**

Bei 315000,— M produktiven Löhnen betragen die allgemeinen Geschäftsunkosten 263000,— M; mithin kommen auf 1,— M Arbeitslohn 263000 : 315000 = 0,83 M allgemeine Geschäftsunkosten.

Wir können sagen: Die allgemeinen Geschäftsunkosten betragen rund 85% der produktiven Löhne.

1. Wieviel Prozent betragen die allgemeinen Geschäftsunkosten in folgenden Fällen:

a) 320000, b) 450000, c) 650000 ℳ jährlich produktive Löhne,
255000, 398000, 955000 ℳ jährlich allgemeine Unkosten.

2. Bestimme den Selbstkostenpreis in folgenden Fällen, wenn für allgemeine Geschäftsunkosten 85% der produktiven Löhne gerechnet werden.

a) 120,—, b) 180,50, c) 360,50 ℳ Materialkosten,
30,—, 52,—, 125,— ℳ produktive Löhne.

3. Bestimme den Verkaufspreis in folgenden Fällen, wenn ein Gewinn von 20% zu den Selbstkosten geschlagen wird. Die allgemeinen Geschäftsunkosten sollen 75% der produktiven Löhne betragen.

a) 80,—, b) 160,—, c) 362,— ℳ Materialkosten,
42,—, 72,—, 112,— ℳ produktive Löhne.

4. Bestimme den Verkaufspreis eines Handlaufkrans bei folgenden Annahmen:

Materialkosten einschließlich Abfall usw. = 375,— ℳ,
Produktive Löhne = 220,— ℳ,
Allgemeine Geschäftsunkosten auf Löhne = 90%,
Gewinn = 25%.

5. Bestimme den Verkaufspreis einer Kaltsägemaschine bei folgenden Annahmen:

a) Materialverbrauch einschl. Abfall usw.:
210 kg Gußeisen, 100 kg zu 38 ℳ,
40 kg Schmiedeeisen, 100 kg zu 25 ℳ,
2 kg Rotguß, 100 kg zu 280 ℳ;
b) Produktive Löhne: 200 Std. zu 0,75 ℳ;
c) Allg. Geschäftsunkosten: 125% auf prod. Löhne;
d) Gewinn: 20%.

6. Bestimme den Verkaufspreis einer Wasserpumpe, eingerichtet für direkten elektrischen Antrieb bei folgenden Annahmen:

a) Materialverbrauch einschl. Abfall usw.:
1500 kg Gußeisen, 100 kg zu 42 ℳ,
125 kg Stahlguß, 100 kg zu 140 ℳ,
80 kg Schmiedeeisen, 100 kg zu 30 ℳ,
20 kg Rotguß, 100 kg zu 320 ℳ;
b) Produktive Löhne: 265 Std. zu 0,72 ℳ;
c) Allg. Geschäftsunkosten: 145% auf prod. Löhne;
d) Gewinn: 15%.

7. Bestimme den Verkaufspreis einer Transmissionsanlage bei folgenden Annahmen:

1. Materialverbrauch einschl. Abfall usw.:

a) 4 Wellen von 45 mm Φ, je 4000 mm lang; unbearbeitete Welle = 48 mm Φ (Für Gewicht und Preis Tabelle benutzen!);

b) 460 kg Gußeisen für Wandkonsolen, Stehlager, Riemenscheiben usw. 100 kg zu 36 ℳ;

c) 18 kg Phosphorbronze für die Lagerschalen, 100 kg zu 365 ℳ;

d) 2 Scheibenkuppelungen, fertig von auswärts bezogen, das Stück zu 38 ℳ.,

2. Produktive Löhne: 320 Std. zu 0,85 ℳ.
3. Allg. Geschäftsunkosten: 150% auf prod. Löhne;
4. Gewinn: 10%.

8. Bestimme den Verkaufspreis für 1 Riemenscheibe von 625 mm Φ, 100 mm Breite und 50 mm Nabenbohrung bei folgenden Annahmen:

a) Rohgewicht der Riemenscheibe: 28 kg Gußeisen, 100 kg zu 27,50 ℳ;

b) Bearbeitung der Riemenlauffläche: 8 Minuten für 1 qdm; Bearbeitung der Bohrung, der Nabenfläche, Auf- und Abspannen usw. 1 Stunde 23 Minuten;

c) Stundenlohn für den Dreher: 0,68 ℳ;

d) Allg. Geschäftsunkosten: 160% auf prod. Löhne;

e) Gewinn: 25%.

9. Bestimme den Verkaufspreis für die Büchse nach Fig. 1 bei folgenden Annahmen:

a) Material: Bronze, 100 kg zu 325 ℳ; Rohgewicht = Fertiggewicht + 10%;

b) Bearbeitung der Büchse einschl. Auf- und Abspannen, Ausrichten usw. 14 Std. zu 0,75 ℳ;

c) Allg. Geschäftsunkosten: 175% auf prod. Löhne;

d) Gewinn: 15%.

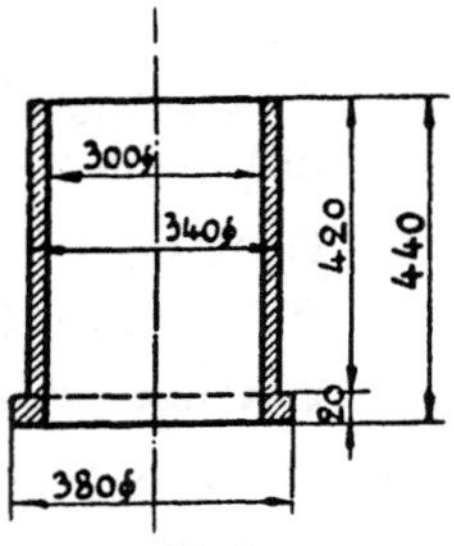

Fig. 1.

10. Bestimme den Verkaufspreis für 50 Wellen nach Fig. 2 bei folgenden Annahmen:

a) unbearbeiteter Wellendurchmesser 50 mm;

b) Preis für 1 kg Material einschließlich Abfall usw. 0,20 ℳ;

c) Zeit für das Drehen 1 Welle einschließlich Ankörnen, Ausrichten, Geradedrehen der beiden Endflächen, Abspannen usw. 8 Std.;

d) Dreherlohn für die Stunde 0,76 ℳ;

e) Allgemeine Geschäftsunkosten 80%;

f) Gewinn: 20%.

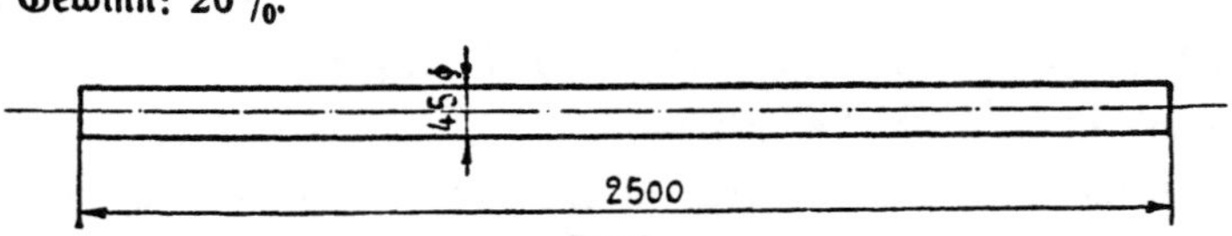

Fig. 2.

11. Bestimme den Verkaufspreis für die in Fig. 23 angegebene Richtplatte aus Gußeisen bei folgenden Annahmen:

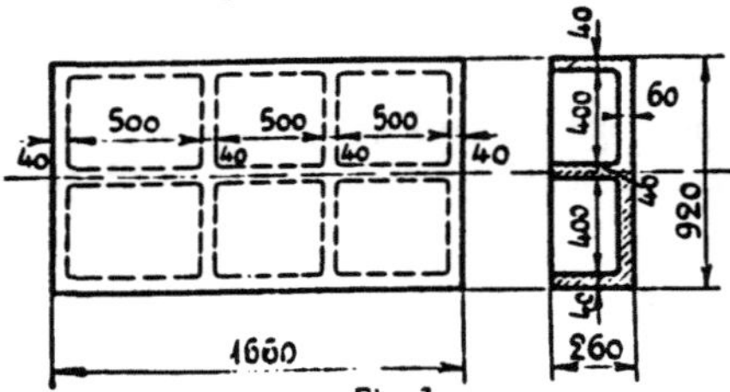

Fig. 3.

a) Preis für 1 kg Gußeisen einschließlich Unkostenzuschlag 0,25 ℳ;
b) Zeit für das Hobeln der Platte einschließlich Aufspannen usw. 15 Std.;
c) Lohn für den Hobler die Std. 0,68 ℳ;
d) Allgemeine Geschäftsunkosten auf Löhne 125 %;
e) Gewinn: 20 %.

12. Bestimme den Verkaufspreis für 2 Schienen nach Fig. 4. Die Schienen bleiben roh und werden nur an den Kopfenden gerade gefeilt.

Material: 2 Flacheisen 40 · 6 mm je 1,25 m lang.

Arbeitsvorgänge: Die Schienen werden vorgezeichnet, abgeschnitten, gerichtet und an beiden Enden gerade gefeilt. Die 6 Löcher werden auf einer

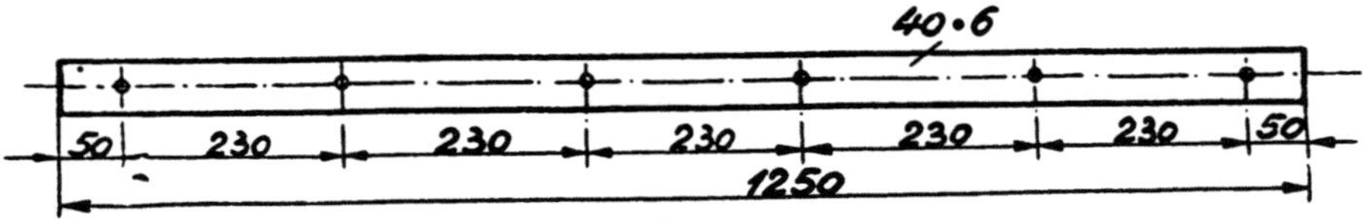

Fig. 4.

Schiene vorgezeichnet, angekernt, beide Schienen zusammengespannt, gebohrt und entgratet.

Arbeitszeit: $\frac{1}{2}$ Std. des Facharbeiters mit einem Stundenlohn von 0,60 ℳ.

Allgemeine Unkosten: 120 % des prod. Lohnes.

Gewinn: 20 % der Selbstkosten.

13. Bestimme den Verkaufspreis für eine Schiene aus Flacheisen 20 · 5 mm, 1000 mm lang, die an den beiden breiten und an einer schmalen Seite sauber bearbeitet ist.

Material: 1 Flacheisen 20 · 5 mm, 1000 mm lang.

Arbeitsvorgänge:	Arbeitszeit: Facharbeiter
Schiene vorzeichnen, abschneiden, richten, an beiden Enden befeilen	15 Min.
Schiene auf der Hobelmaschine von 3 Seiten bearbeiten . . .	60 „
Sa.	75 Min.

Allgemeine Unkosten: 180 % des prod. Lohnes.

Gewinn: 25 % der Selbstkosten.

a) Bestimme den Materialpreis; b) Berechne den Arbeitslohn, wenn der Facharbeiter einen Stundenlohn von 0,55 ℳ hat; c) Bestimme den Verkaufspreis!

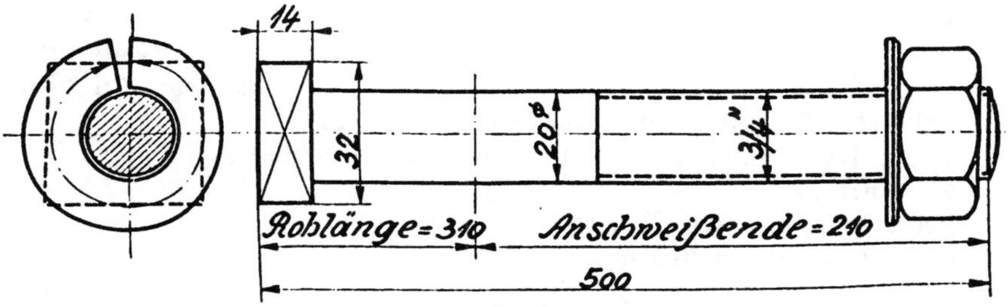

Fig. 5.

14. Es sind 10 Fundamentanker nach Fig. 5 anzufertigen.

Material:

10 Anschweißenden $\frac{3}{4}''$, je 210 mm lang . . . . 6,50 ℳ.
10 Rundeisen 20 mm ⌀, je 310 mm lang.
10 Quadrateisen 13 mm, je 100 mm lang.
10 Unterlagscheiben 42 mm ⌀, 2,5 mm stark . . . . . . 0,20 ℳ.
10 Muttern $\frac{3}{4}''$ . . . . 1,50 ℳ.

Arbeitsvorgänge:	Arbeitszeit: Facharbeiter:	Lehrling:
10 Stück Rundeisen vorzeichnen und abschneiden .	— Min.	20 Min.
10 „ Anschweißenden und Rundeisen anstauchen und zusammenschweißen	80 „	80 „
10 Quadrateisen zum Bund biegen, Bund abhauen und zum Vierkantkopf verschweißen	60 „	60 „
Sa.	140 Min.	160 Min.

Allgemeine Unkosten: 150 % des prod. Lohnes.
Gewinn: 20 % der Selbstkosten.

a) Bestimme die Materialkosten; b) Berechne den Arbeitslohn, wenn der Facharbeiter einen Stundenlohn von 0,65 ℳ und der Lehrling einen Stundenlohn von 0,10 ℳ hat; c) Bestimme den Verkaufspreis.

15. Es ist ein Dampfzylinder nach Fig. 6 zu liefern.

Material:

1 Dampfzylinder aus Gußeisen . . . . ? kg.

Zur Bestimmung des Rohgewichtes soll an den gestrichelt angedeuteten Stellen 10 mm für die Bearbeitung zugegeben werden. Der fertige Guß wird von einer Gießerei bezogen und kostet 0,35 ℳ das kg. Das Modell ist vorhanden.

Arbeitsvorgänge:	Arbeitszeit: Facharbeiter:
Der Zylinder wird durch Hilfsarbeiter mit Hilfe des Kranes zur Zylinderbohrmaschine geschafft und nach der Bearbeitung wieder fortgeschafft. (Löhne der Hilfsarbeiter sind unproduktive Löhne und werden in den allgemeinen Geschäftsunkosten verrechnet.)	
Zylinder auf der Maschine ausrichten und aufspannen . . .	20 Min.
Maschine einrichten	10 „
Übertrag:	35 Min.

Arbeitsvorgänge:	Arbeitszeit: Facharbeiter
Übertrag:	35 Min.
Zylinder in 2 Schnitten innen ausbohren und zwar:	
1. Schnitt: 2 Umdrehg./Min. u. 2,5 mm Vorschub/Umdrehg. . .	? =
2. Schnitt: 2 = = 1,25 = = . .	? =
Bearbeitung des einen Flansches	30 =
Zylinder umspannen und ausrichten	20 =
Bearbeitung des anderen Flansches	30 =
Zylinder abspannen	10 =
Sonstige Nebenarbeiten wie Werkzeug aus- und einspannen zum Nachschleifen usw.	18 =
Sa.	? Min.

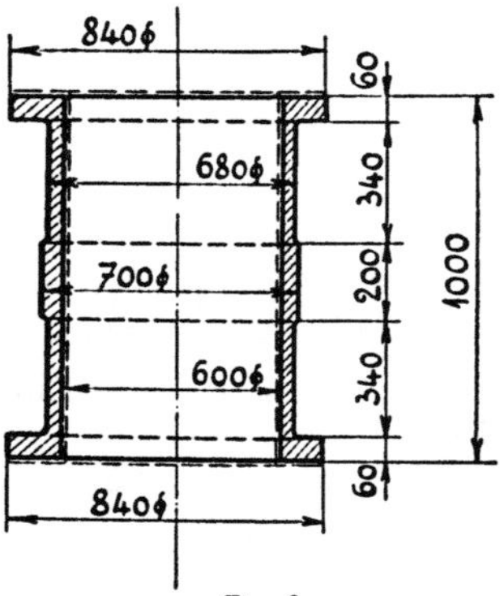

Fig. 6.

Allgemeine Geschäftsunkosten: 180 % des prod. Lohnes.

Gewinn: 30 % der Selbstkosten.

a) Bestimme das Gewicht und die Materialkosten; b) Berechne die Arbeitszeit für das Ausbohren des Zylinders in 2 Schnitten und stelle die Gesamtarbeitszeit fest: c) Berechne den Arbeitslohn, wenn der Facharbeiter einen Stundenlohn von 0,65 *M* hat; d) Bestimme den Verkaufspreis!

16. Eine Fabrik für Eisenkonstruktionen hat 2 Konsolen nach Fig. 7 zu liefern.

Material für 1 Konsole:

Teil Nr. 1. 2 Winkeleisen 50 · 50 · 5 rundkantig; je 1425 mm lang.
= = 2. 2 = 50 · 50 · 5 = = 1550 = =
= = 3. 2 = 50 · 50 · 5 = = 300 = =
= = 4. 2 = 60 · 60 · 8 = = 60 = =
= = 5. 1 = 70 · 70 · 9 = 250 = =
= = 6. 1 Knotenblech 300 · 170; 6 mm stark.
= = 7. 1 Knotenblech 210 · 150; 6 mm stark.
= = 8. 2 Futterringe 30 ø; 6 mm stark.
= = 9. 14 Rundkopfnieten 13 × 35 (1 kg = 12 *M*; 1 Stück = 60 g).

Arbeitsvorgänge:	Arbeitszeit: Facharbeiter:
Material zum Arbeitsplatz bringen	? Min.
Material vorzeichnen und schneiden	? =
Material richten	? =
Schnittkanten schleifen	? =
Löcher vorreißen und körnen, bohren und abgraten	? =
Konsolen mit Maschinenschrauben zusammenheften	? =
Konsolen warm nieten	? =
Nieten verstemmen	? =
Sa.	480 Min.

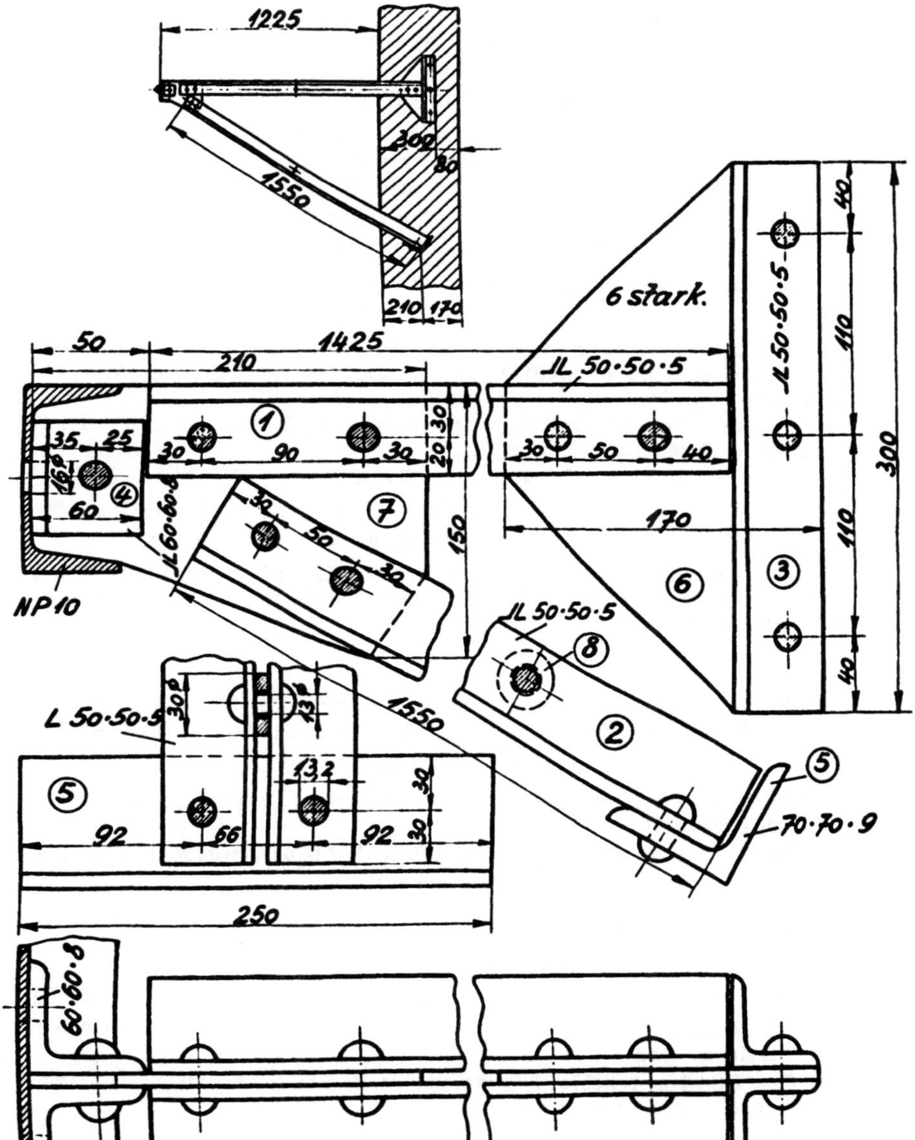

Fig. 7.

Allgemeine Unkosten: 150% des prod Lohnes. **Gewinn:** 25% der Selbstkosten. a) Bestimme die Materialkosten; b) Schätze die Arbeitszeiten für die einzelnen Arbeitsvorgänge, so daß sich eine gesamte Arbeitszeit von 480 Min. = 8 Std. ergibt; c) Berechne den Arbeitslohn, wenn der Facharbeiter einen Stundenlohn von 0,50 ℳ hat; d) Bestimme den Verkaufspreis!

Anleitung zum Gebrauch der Zahlentafeln.

1. Quadrat.

a) **Gegeben:** Eine beliebige ganze Zahl, z. B. 225. **Gesucht:** Das Quadrat dieser Zahl. (225^2, lies: 225 zum Quadrat.) **Aufschlagen:** Seite 94 unter $n = 225$.

$$n^2 = 225 \cdot 225 = \mathbf{50625}.$$

b) **Gegeben:** $n = 2250$. **Gesucht:** 2250^2. **Aufschlagen:** Seite 94 unter $n = 225$.

$$n^2 = 2250 \cdot 2250 = \mathbf{5062500}.$$

c) **Gegeben:** $n = 22500$. **Gesucht:** 22500^2. **Aufschlagen:** Seite 94 unter $n = 225$.

$$n^2 = 22500 \cdot 22500 = \mathbf{506250000}.$$

Regel: Ist die Zahl n durch Anhängen von Nullen um 1, 2 oder mehr Stellen vergrößert, so vergrößert sich n^2 um die doppelte Anzahl, also um 2, 4 oder mehr Stellen.

d) **Gegeben:** Eine beliebige Dezimalzahl, z. B. 22,5. **Gesucht:** $22{,}5^2$. **Aufschlagen:** Seite 94 unter $n = 225$.

$$n^2 = 22{,}5 \cdot 22{,}5 = \mathbf{506{,}25}.$$

e) **Gegeben:** $n = 2{,}25$. **Gesucht:** $2{,}25^2$. **Aufschlagen:** Seite 94 unter $n = 225$.

$$n^2 = 2{,}25 \cdot 2{,}25 = \mathbf{5{,}0625}.$$

Regel: Verschiebt sich das Komma in n um 1, 2 oder mehr Stellen nach links, so verschiebt es sich in n^2 um die doppelte Anzahl, also um 2, 4 oder mehr Stellen nach links.

2. Wurzel.

a) **Gegeben:** Eine beliebige ganze Zahl, z. B. 489. **Gesucht:** Die Wurzel aus dieser Zahl. ($\sqrt{489}$, lies: Wurzel aus 489.) **Aufschlagen:** Seite 98 unter $n = 489$.

$$\sqrt{489} = \mathbf{22{,}1133}.$$

Anmerkung: Die Zahl 22,1133 ist die Seite eines Quadrates, welches einen Flächeninhalt von 489 hat.

b) **Gegeben:** $n = 48900$. **Gesucht:** $\sqrt{48900}$. **Aufschlagen:** Seite 98 unter $n = 489$.

$$\sqrt{48900} = \mathbf{221{,}133}.$$

c) **Gegeben:** $n = 4890000$. **Gesucht:** $\sqrt{4890000}$. **Aufschlagen:** Seite 98 unter $n = 489$.

$$\sqrt{4890000} = \mathbf{2211{,}33}.$$

Regel: Ist die Zahl n durch Anhängen von Nullen um 2, 4 oder mehr Stellen vergrößert, so vergrößert sich $\sqrt{n}$ um die halbe Anzahl, also um 1, 2 oder mehr Stellen.

d) **Gegeben:** Eine beliebige Dezimalzahl, z. B. 4,89. **Gesucht:** $\sqrt{4{,}89}$. **Aufschlagen:** Seite 98 unter $n = 489$.

$$\sqrt{4{,}89} = \mathbf{2{,}2133}.$$

e) **Gegeben:** 0,0489. **Gesucht:** $\sqrt{0{,}0489}$. **Aufschlagen:** Seite 98 unter $n = 489$.

$$\sqrt{0{,}0489} = \mathbf{0{,}221133}.$$

Regel: Verschiebt sich das Komma in n um 2, 4 oder mehr Stellen nach links, so verschiebt es sich in $\sqrt{n}$ um die halbe Anzahl, also um 1, 2 oder mehr Stellen nach links.

3. Kreisumfang.

a) **Gegeben:** Eine beliebige ganze Zahl als Durchmesser eines Kreises, z. B. 745. **Gesucht:** Der Kreisumfang zu diesem Durchmesser. ($\pi \cdot 745$, lies: pi mal 745. π ist ein griechischer Buchstabe, den man für die Zahl 3,14 setzt.) **Aufschlagen:** Seite 101 unter $d = 745$.
$$\pi \cdot d = 3{,}14 \cdot 745 = \mathbf{2340{,}5}.$$

b) **Gegeben:** $d = 7450$. **Gesucht:** $\pi \cdot 7450$. **Aufschlagen:** Seite 101 unter $d = 745$.
$$\pi \cdot d = 3{,}14 \cdot 7450 = \mathbf{23405}.$$

c) **Gegeben:** $d = 74500$. **Gesucht:** $\pi \cdot 74500$. **Aufschlagen:** Seite 101 unter $d = 745$.
$$\pi \cdot d = 3{,}14 \cdot 74500 = \mathbf{234050}.$$

Regel: Ist die Zahl d durch Anhängen von Nullen um 1, 2 oder mehr Stellen vergrößert, so vergrößert sich $\pi \cdot d$ ebenfalls um 1, 2 oder mehr Stellen.

d) **Gegeben:** Eine beliebige Dezimalzahl, z. B. 74,5. **Gesucht:** $\pi \cdot 74{,}5$. **Aufschlagen:** Seite 101 unter $d = 745$.
$$\pi \cdot d = 3{,}14 \cdot 74{,}5 = \mathbf{234{,}05}.$$

e) **Gegeben:** $d = 7{,}45$. **Gesucht:** $\pi \cdot 7{,}45$. **Aufschlagen:** Seite 101 unter $d = 745$
$$\pi \cdot d = 3{,}14 \cdot 7{,}45 = \mathbf{23{,}405}.$$

Regel: Verschiebt sich das Komma in d um 1, 2 oder mehr Stellen nach links, so verschiebt es sich in $\pi \cdot d$ ebenfalls um 1, 2 oder mehr Stellen nach links.

4. Kreisfläche.

a) **Gegeben:** Eine beliebige ganze Zahl, als Durchmesser eines Kreises, z. B. 886. **Gesucht:** Die Kreisfläche zu diesem Durchmesser. $\left(\frac{\pi \cdot 886^2}{4}\right.$, lies: pi mal 886 zum Quadrat, geteilt durch 4.) **Aufschlagen:** Seite 103 unter $d = 886$.
$$\frac{\pi \cdot d^2}{4} = \frac{3{,}14 \cdot 886 \cdot 886}{4} = \mathbf{616534}.$$

b) **Gegeben:** $d = 8860$. **Gesucht:** $\frac{\pi \cdot 8860^2}{4}$. **Aufschlagen:** Seite 103 unter $d = 886$.
$$\frac{\pi \cdot d^2}{4} = \frac{3{,}14 \cdot 8860 \cdot 8860}{4} = \mathbf{61653400}.$$

c) **Gegeben:** $d = 88600$. **Gesucht:** $\frac{\pi \cdot 88\,600^2}{4}$. **Aufschlagen:** Seite 103 unter $d = 886$.
$$\frac{\pi d^2}{4} = \frac{3{,}14 \cdot 88\,600 \cdot 88\,600}{4} = \mathbf{6165340000}.$$

Regel: Ist die Zahl d durch Anhängen von Nullen um 1, 2 oder mehr Stellen vergrößert, so vergrößert sich $\frac{\pi d^2}{4}$ um die doppelte Anzahl, also um 2, 4 oder mehr Stellen.

d) **Gegeben:** Eine beliebige Dezimalzahl, z. B. 88,6. **Gesucht:** $\frac{\pi \cdot 88{,}6^2}{4}$. **Aufschlagen:** Seite 103 unter $d = 886$.
$$\frac{\pi d^2}{4} = \frac{3{,}14 \cdot 88{,}6 \cdot 88{,}6}{4} = \mathbf{6165{,}34}.$$

e) **Gegeben:** $d = 8{,}86$. **Gesucht:** $\frac{\pi \cdot 8{,}86^2}{4}$. **Aufschlagen:** Seite 103 unter $d = 886$.
$$\frac{\pi d^2}{4} = \frac{3{,}14 \cdot 8{,}86 \cdot 8{,}86}{4} = \mathbf{61{,}6534}.$$

Regel: Verschiebt sich das Komma in d um 1, 2 oder mehr Stellen nach links, so verschiebt es sich in $\frac{\pi d^2}{4}$ um die doppelte Anzahl, also um 2, 4 oder mehr Stellen nach links.

Zahlentafeln.

Beliebige Zahl n od. d	Quadrat (n^2)	Wurzel ($\sqrt{n}$)	Kreisumfang (πd)	Kreisfläche ($\frac{\pi d^2}{4}$)	Beliebige Zahl n od. d	Quadrat (n^2)	Wurzel ($\sqrt{n}$)	Kreisumfang (πd)	Kreisfläche ($\frac{\pi d^2}{4}$)
1	1	1,0000	3,1416	0,79	41	16 81	6,4031	128,81	13 20,25
2	4	1,4142	6,2832	3,14	42	17 64	6,4807	131,95	13 85,44
3	9	1,7321	9,4248	7,07	43	18 49	6,5574	135,09	14 52,20
4	16	2,0000	12,566	12,57	44	19 36	6,6332	138,23	15 20,53
5	25	2,2361	15,708	19,63	45	20 25	6,7082	141,37	15 90,43
6	36	2,4495	18,850	28,27	46	21 16	6,7823	144,51	16 61,90
7	49	2,6458	21,991	38,48	47	22 09	6,8557	147,65	17 34,94
8	64	2,8284	25,133	50,27	48	23 04	6,9282	150,80	18 09,56
9	81	3,0000	28,274	63,62	49	24 01	7,0000	153,94	18 85,74
10	1 00	3,1623	31,416	78,54	**50**	25 00	7,0711	157,08	19 63,50
11	1 21	3,3166	34,558	95,03	51	26 01	7,1414	160,22	20 42,82
12	1 44	3,4641	37,699	1 13,10	52	27 04	7,2111	163,36	21 23,72
13	1 69	3,6056	40,841	1 32,73	53	28 09	7,2801	166,50	22 06,18
14	1 96	3,7417	43,982	1 53,94	54	29 16	7,3485	169,65	22 90,22
15	2 25	3,8730	47,124	1 76,71	55	30 25	7,4162	172,79	23 75,83
16	2 56	4,0000	50,265	2 01,06	56	31 36	7,4833	175,93	24 63,01
17	2 89	4,1231	53,407	2 26,98	57	32 49	7,5498	179,07	25 51,76
18	3 24	4,2426	56,549	2 54,47	58	33 64	7,6158	182,21	26 42,08
19	3 61	4,3589	59,690	2 83,53	59	34 81	7,6811	185,35	27 33,97
20	4 00	4,4721	62,832	3 14,16	**60**	36 00	7,7460	188,50	28 27,43
21	4 41	4,5826	65,973	3 46,36	61	37 21	7,8102	191,64	29 22,47
22	4 84	4,6904	69,115	3 80,13	62	38 44	7,8740	194,78	30 19,07
23	5 29	4,7958	72,257	4 15,48	63	39 69	7,9373	197,92	31 17,25
24	5 76	4,8990	75,398	4 52,39	64	40 96	8,0000	201,06	32 16,99
25	6 25	5,0000	78,540	4 90,87	65	42 25	8,0623	204,20	33 18,31
26	6 76	5,0990	81,681	5 30,93	66	43 56	8,1240	207,35	34 21,19
27	7 29	5,1962	84,823	5 72,56	67	44 89	8,1854	210,49	35 25,65
28	7 84	5,2915	87,965	6 15,75	68	46 24	8,2462	213,63	36 31,68
29	8 41	5,3852	91,106	6 60,52	69	47 61	8,3066	216,77	37 39,28
30	9 00	5,4772	94,25	7 06,86	**70**	49 00	8,3666	219,91	38 48,45
31	9 61	5,5678	97,39	7 54,77	71	50 41	8,4261	223,05	39 59,19
32	10 24	5,6569	100,53	8 04,25	72	51 84	8,4853	226,19	40 71,50
33	10 89	5,7446	103,67	8 55,30	73	53 29	8,5440	229,34	41 85,39
34	11 56	5,8310	106,81	9 07,92	74	54 76	8,6023	232,48	43 00,84
35	12 25	5,9161	109,96	9 62,11	75	56 25	8,6603	235,62	44 17,86
36	12 96	6,0000	113,10	10 17,88	76	57 76	8,7178	238,76	45 36,46
37	13 69	6,0828	116,24	10 75,21	77	59 29	8,7750	241,90	46 56,63
38	14 44	6,1644	119,38	11 34,11	78	60 84	8,8318	245,04	47 78,36
39	15 21	6,2450	122,52	11 94,59	79	62 41	8,8882	248,19	49 01,67
40	16 00	6,3246	125,66	12 56,64	**80**	64 00	8,9443	251,33	50 26,55

Beliebige Zahl n od. d	Quadrat (n^2)	Wurzel ($\sqrt{n}$)	Kreisumfang (πd)	Kreisfläche ($\frac{\pi d^2}{4}$)	Beliebige Zahl n od. d	Quadrat (n^2)	Wurzel ($\sqrt{n}$)	Kreisumfang (πd)	Kreisfläche ($\frac{\pi d^2}{4}$)
80	64 00	8,9443	251,33	50 26	**120**	1 44 00	10,9545	376,99	1 13 10
81	65 61	9,0000	254,47	51 53	121	1 46 41	11,0000	380,13	1 14 99
82	67 24	9,0554	257,61	52 81	122	1 48 84	11,0454	383,27	1 16 90
83	68 89	9,1104	260,75	54 10	123	1 51 29	11,0905	386,42	1 18 82
84	70 56	9,1652	263,89	55 41	124	1 53 76	11,1355	389,56	1 20 76
85	72 25	9,2195	267,04	56 74	125	1 56 25	11,1803	392,70	1 22 72
86	73 96	9,2736	270,18	58 08	126	1 58 76	11,2250	395,84	1 24 69
87	75 69	9,3274	273,32	59 44	127	1 61 29	11,2694	398,98	1 26 68
88	77 44	9,3808	276,46	60 82	128	1 63 84	11,3137	402,12	1 28 68
89	79 21	9,4340	279,60	62 21	129	1 66 41	11,3578	405,27	1 30 70
90	81 00	9,4868	282,74	63 61	**130**	1 69 00	11,4018	408,41	1 32 73
91	82 81	9,5394	285,88	65 04	131	1 71 61	11,4455	411,55	1 34 78
92	84 64	9,5917	289,03	66 48	132	1 74 24	11,4891	414,69	1 36 85
93	86 49	9,6437	292,17	67 93	133	1 76 89	11,5326	417,83	1 38 93
94	88 36	9,6954	295,31	69 40	134	1 79 56	11,5758	420,97	1 41 03
95	90 25	9,7468	298,45	70 88	135	1 82 25	11,6190	424,12	1 43 14
96	92 16	9,7980	301,59	72 38	136	1 84 96	11,6619	427,26	1 45 27
97	94 09	9,8489	304,73	73 90	137	1 87 69	11,7047	430,40	1 47 41
98	96 04	9,8995	307,88	75 43	138	1 90 44	11,7473	433,54	1 49 57
99	98 01	9,9499	311,02	76 98	139	1 93 21	11,7898	436,68	1 51 75
100	1 00 00	10,0000	314,16	78 54	**140**	1 96 00	11,8322	439,82	1 53 94
101	1 02 01	10,0499	317,30	80 12	141	1 98 81	11,8743	442,96	1 56 15
102	1 04 04	10,0995	320,44	81 71	142	2 01 64	11,9164	446,11	1 58 37
103	1 06 09	10,1489	323,58	83 32	143	2 04 49	11,9583	449,25	1 60 61
104	1 08 16	10,1980	326,73	84 95	144	2 07 36	12,0000	452,39	1 62 86
105	1 10 25	10,2470	329,87	86 59	145	2 10 25	12,0416	455,53	1 65 13
106	1 12 36	10,2956	333,01	88 25	146	2 13 16	12,0830	458,67	1 67 42
107	1 14 49	10,3441	336,15	89 92	147	2 16 09	12,1244	461,81	1 69 72
108	1 16 64	10,3923	339,29	91 61	148	2 19 04	12,1655	464,96	1 72 03
109	1 18 81	10,4403	342,43	93 31	149	2 22 01	12,2066	468,10	1 74 37
110	1 21 00	10,4881	345,58	95 03	**150**	2 25 00	12,2474	471,24	1 76 71
111	1 23 21	10,5357	348,72	96 77	151	2 28 01	12,2882	474,38	1 79 08
112	1 23 44	10,5830	351,86	98 52	152	2 31 04	12,3288	477,52	1 81 46
113	1 27 69	10,6301	355,00	1 00 29	153	2 34 09	12,3693	480,66	1 83 85
114	1 29 96	10,6771	358,14	1 02 07	154	2 37 16	12,4097	483,81	1 86 27
115	1 32 25	10,7238	361,28	1 03 87	155	2 40 25	12,4499	486,95	1 88 69
116	1 34 56	10,7703	364,42	1 05 68	156	2 43 36	12,4900	490,09	1 91 13
117	1 36 89	10,8167	367,57	1 07 51	157	2 46 49	12,5300	493,23	1 93 59
118	1 39 24	10,8628	370,71	1 09 36	158	2 49 64	12,5698	496,37	1 96 07
119	1 41 61	10,9087	373,85	1 11 22	159	2 52 81	12,6095	499,51	1 98 56
120	1 44 00	10,9545	376,99	1 13 10	**160**	2 56 00	12,6491	502,65	2 01 06

Beliebige Zahl n od. d	Quadrat (n^2)	Wurzel ($\sqrt{n}$)	Kreisumfang (πd)	Kreisfläche $\left(\frac{\pi d^2}{4}\right)$	Beliebige Zahl n od. d	Quadrat (n^2)	Wurzel ($\sqrt{n}$)	Kreisumfang (πd)	Kreisfläche $\left(\frac{\pi d^2}{4}\right)$
160	2 56 00	12,6491	502,65	2 01 06	**200**	4 00 00	14,1421	628,32	3 14 16
161	2 59 21	12,6886	505,80	2 03 58	201	4 04 01	14,1774	631,46	3 17 31
162	2 62 44	12,7279	508,94	2 06 12	202	4 08 04	14,2127	634,60	3 20 47
163	2 65 69	12,7671	512,08	2 08 67	203	4 12 09	14,2478	637,74	3 23 65
164	2 68 96	12,8062	515,22	2 11 24	204	4 16 15	14,2829	640,88	3 26 85
165	2 72 25	12,8452	518,36	2 13 82	205	4 20 25	14,3178	644,03	3 30 06
166	2 75 56	12,8841	521,50	2 16 42	206	4 24 36	14,3527	647,17	3 33 29
167	2 78 89	12,9228	524,65	2 19 04	207	4 28 49	14,3875	650,31	3 36 54
168	2 82 24	12,9615	527,79	2 21 67	208	4 32 64	14,4222	653,45	3 39 79
169	2 85 61	13,0000	530,93	2 24 32	209	4 36 81	14,4568	656,59	3 43 07
170	2 89 00	13,0384	534,07	2 26 98	**210**	4 41 00	14,4914	659,73	3 46 36
171	2 92 41	13,0767	537,21	2 29 66	211	4 45 21	14,5258	662,88	3 49 67
172	2 95 84	13,1149	540,35	2 32 35	212	4 49 44	14,5602	666,02	3 52 99
173	2 99 29	13,1529	543,50	2 35 06	213	4 53 69	14,5945	669,16	3 56 33
174	3 02 76	13,1909	546,64	2 37 79	214	4 57 96	14,6287	672,30	3 59 68
175	3 06 25	13,2288	549,78	2 40 53	215	4 62 25	14,6629	675,44	3 63 05
176	3 09 76	13,2665	552,92	2 43 28	216	4 66 56	14,6969	678,59	3 66 44
177	3 13 29	13,3041	556,06	2 46 06	217	4 70 89	14,7309	681,73	3 69 84
178	3 16 84	13,3417	559,20	2 48 85	218	4 75 24	14,7648	684,87	3 73 25
179	3 20 41	13,3791	562,35	2 51 65	219	4 79 61	14,7986	688,01	3 76 68
180	3 24 00	13,4164	565,49	2 54 47	**220**	4 84 00	14,8324	691,15	3 80 13
181	3 27 61	13,4536	568,63	2 57 30	221	4 88 41	14,8661	694,29	3 83 60
182	3 31 24	13,4907	571,77	2 60 16	222	4 92 84	14,8997	697,43	3 87 08
183	3 34 89	13,5277	574,91	2 63 02	223	4 97 29	14,9332	700,58	3 90 57
184	3 38 56	13,5647	578,05	2 65 90	224	5 01 76	14,9666	703,72	3 94 08
185	3 42 25	13,6015	581,19	2 68 80	225	5 06 25	15,0000	706,86	3 97 61
186	3 45 96	13,6382	584,34	2 71 72	226	5 10 76	15,0333	710,00	4 01 15
187	3 49 69	13,6748	587,48	2 74 65	227	5 15 29	15,0665	713,14	4 04 71
188	3 53 44	13,7113	590,62	2 77 59	228	5 19 84	15,0997	716,28	4 08 28
189	3 57 21	13,7477	593,76	2 80 55	229	5 24 41	15,1327	719,42	4 11 87
190	3 61 00	13,7840	596,90	2 83 53	**230**	5 29 00	15,1658	722,57	4 15 48
191	3 64 81	13,8203	600,04	2 86 52	231	5 33 61	15,1987	725,71	4 19 10
192	3 68 64	13,8564	603,19	2 89 53	232	5 38 24	15,2315	728,85	4 22 73
193	3 72 49	13,8924	606,33	2 92 55	233	5 42 89	15,2643	731,99	4 26 38
194	3 76 36	13,9284	609,47	2 95 59	234	5 47 56	15,2971	735,13	4 30 05
195	3 80 25	13,9642	612,61	2 98 65	235	5 52 25	15,3297	738,27	4 33 74
196	3 84 16	14,0000	615,75	3 01 72	236	5 56 96	15,3623	741,42	4 37 44
197	3 88 09	14,0357	618,89	3 04 81	237	5 61 69	15,3948	744,56	4 41 15
198	3 92 04	14,0712	622,04	3 07 91	238	5 66 44	15,4272	747,70	4 44 88
199	3 96 01	14,1067	625,18	3 11 03	239	5 71 21	15,4596	750,84	4 48 63
200	4 00 00	14,1421	628,32	3 14 16	**240**	5 76 00	15,4919	753.98	4 52 39

Beliebige Zahl n od. d	Quadrat (n^2)	Wurzel ($\sqrt{n}$)	Kreisumfang (πd)	Kreisfläche $\left(\frac{\pi d^2}{4}\right)$	Beliebige Zahl n od. d	Quadrat (n^2)	Wurzel ($\sqrt{n}$)	Kreisumfang (πd)	Kreisfläche $\left(\frac{\pi d^2}{4}\right)$
240	5 76 00	15,4919	753,98	4 52 39	**280**	7 84 00	16,7332	879,65	6 15 75
241	5 80 81	15,5242	757,12	4 56 17	281	7 89 61	16,7631	882,79	6 20 16
242	5 85 64	15,5563	760,27	4 59 96	282	7 95 24	16,7929	885,93	6 24 58
243	5 90 49	15,5885	763,41	4 63 77	283	8 00 89	16,8226	889,07	6 29 02
244	5 95 36	15,6205	766,55	4 67 59	284	8 06 56	16,8523	892,21	6 33 47
245	6 00 25	15,6525	769,69	4 71 44	285	8 12 25	16,8819	895,35	6 37 94
246	6 05 16	15,6844	772,83	4 75 29	286	8 17 96	16,9115	898,50	6 42 42
247	6 10 09	15,7162	775,97	4 79 16	287	8 23 69	16,9411	901,64	6 46 92
248	6 15 04	15,7480	779,11	4 83 05	288	8 29 44	16,9706	904,78	6 51 44
249	6 20 01	15,7797	782,26	4 86 95	289	8 35 21	17,0000	907,92	6 55 97
250	6 25 00	15,8114	785,40	4 90 87	**290**	8 41 00	17,0294	911,06	6 60 52
251	6 30 01	15,8430	788,54	4 94 81	291	8 46 81	17,0587	914,20	6 65 08
252	6 35 04	15,8745	791,68	4 98 76	292	8 52 64	17,0880	917,35	6 69 66
253	6 40 09	15,9060	794,82	5 02 73	293	8 58 49	17,1172	920,49	6 74 26
254	6 45 16	15,9374	797,96	5 06 71	294	8 64 36	17,1464	923,63	6 78 87
255	6 50 25	15,9687	801,11	5 10 71	295	8 70 25	17,1756	926,77	6 83 49
256	6 55 36	16,0000	804,25	5 14 72	296	8 76 16	17,2047	929,91	6 88 13
257	6 60 49	16,0312	807,39	5 18 75	297	8 82 09	17,2337	933,05	6 92 79
258	6 65 64	16,0624	810,53	5 22 79	298	8 88 04	17,2627	936,19	6 97 46
259	6 70 81	16,0935	813,67	5 26 85	299	8 94 01	17,2916	939,34	7 02 15
260	6 76 00	16,1245	816,81	5 30 93	**300**	9 00 00	17,3205	942,48	7 06 86
261	6 81 21	16,1555	819,96	5 35 02	301	9 06 01	17,3494	945,62	7 11 58
262	6 86 44	16,1864	823,10	5 39 13	302	9 12 04	17,3781	948,76	7 16 31
263	6 91 69	16,2173	826,24	5 43 25	303	9 18 09	17,4069	951,90	7 21 07
264	6 96 96	16,2481	829,38	5 47 39	304	9 24 16	17,4356	955,04	7 25 83
265	7 02 25	16,2788	832,52	5 51 55	305	9 30 25	17,4642	958,19	7 30 62
266	7 07 56	16,3095	835,66	5 55 72	306	9 36 36	17,4929	961,33	7 35 42
267	7 12 89	16,3401	838,81	5 59 90	307	9 42 49	17,5214	964,47	7 40 23
268	7 18 24	16,3707	841,95	5 64 10	308	9 48 64	17,5499	967,61	7 45 06
269	7 23 61	16,4012	845,09	5 68 32	309	9 54 81	17,5784	970,75	7 49 91
270	7 29 00	16,4317	848,23	5 72 56	**310**	9 61 00	17,6068	973,89	7 54 77
271	7 34 41	16,4621	851,37	5 76 80	311	9 67 21	17,6352	977,04	7 59 64
272	7 39 84	16,4924	854,51	5 81 07	312	9 73 44	17,6635	980,18	7 64 54
273	7 45 29	16,5227	857,65	5 85 35	313	9 79 69	17,6918	983,32	7 69 45
274	7 50 76	16,5529	860,80	5 89 65	314	9 85 96	17,7200	986,46	7 74 37
275	7 56 25	16,5831	863,94	5 93 96	315	9 92 25	17,7482	989,60	7 79 31
276	7 61 76	16,6132	867,08	5 98 28	316	9 98 56	17,7764	992,74	7 84 27
277	7 67 29	16,6433	870,22	6 02 63	317	10 04 89	17,8045	995,88	7 89 24
278	7 72 84	16,6733	873,36	6 06 99	318	10 11 24	17,8326	999,03	7 94 23
279	7 78 41	16,7033	876,50	6 11 36	319	10 17 61	17,8606	1002,2	7 99 23
280	7 84 00	16,7332	879,65	6 15 75	**320**	10 24 00	17,8885	1005,3	8 04 25

Beliebige Zahl n od. d	Quadrat (n^2)	Wurzel ($\sqrt{n}$)	Kreisumfang (πd)	Kreisfläche ($\frac{\pi d^2}{4}$)	Beliebige Zahl n od. d	Quadrat (n^2)	Wurzel ($\sqrt{n}$)	Kreisumfang (πd)	Kreisfläche ($\frac{\pi d^2}{4}$)
320	10 24 00	17,8885	1005,3	8 04 25	**360**	12 96 00	18,9737	1131,0	10 17 88
321	10 30 41	17,9165	1008,5	8 09 28	361	13 03 21	19,0000	1134,1	10 23 54
322	10 36 84	17,9444	1011,6	8 14 33	362	13 10 44	19,0263	1137,3	10 29 22
323	10 43 29	17,9722	1014,7	8 19 40	363	13 17 69	19,0526	1140,4	10 34 91
324	10 49 76	18,0000	1017,9	8 24 48	364	13 24 96	19,0788	1143,5	10 40 62
325	10 56 25	18,0278	1021,0	8 29 58	365	13 32 25	19,1050	1146,7	10 46 35
326	10 62 76	18,0555	1024,2	8 34 69	366	13 39 56	19,1311	1149,8	10 52 09
327	10 69 29	18,0831	1027,3	8 39 82	367	13 46 89	19,1572	1153,0	10 57 84
328	10 75 84	18,1108	1030,4	8 44 96	368	13 54 24	19,1833	1156,1	10 63 62
329	10 82 41	18,1384	1033,6	8 50 12	369	13 61 61	19,2094	1159,2	10 69 41
330	10 89 00	18,1659	1036,7	8 55 30	**370**	13 69 00	19,2354	1162,4	10 75 21
331	10 95 61	18,1934	1039,9	8 60 49	371	13 76 41	19,2614	1165,5	10 81 03
332	11 02 24	18,2209	1043,0	8 65 70	372	13 83 84	19,2873	1168,7	10 86 87
333	11 08 89	18,2483	1046,2	8 70 92	373	13 91 29	19,3132	1171,8	10 92 72
334	11 15 56	18,2757	1049,3	8 76 16	374	13 98 76	19,3391	1175,0	10 98 58
335	11 22 25	18,3030	1052,4	8 81 41	375	14 06 25	19,3649	1178,1	11 04 47
336	11 28 96	18,3303	1055,6	8 86 68	376	14 13 76	19,3907	1181,2	11 10 36
337	11 35 69	18,3576	1058,7	8 91 97	377	14 21 29	19,4165	1184,4	11 16 28
338	11 42 44	18,3848	1061,9	8 97 27	378	14 28 84	19,4422	1187,5	11 22 21
339	11 49 21	18,4120	1065,0	9 02 59	379	14 36 41	19,4679	1190,7	11 28 15
340	11 56 00	18,4391	1068,1	9 07 92	**380**	14 44 00	19,4936	1193,8	11 34 11
341	11 62 81	18,4662	1071,3	9 13 27	381	14 51 61	19,5192	1196,9	11 40 09
342	11 69 64	18,4932	1074,4	9 18 63	382	14 59 24	19,5448	1200,1	11 46 08
343	11 76 49	18,5203	1077,6	9 24 01	383	14 66 89	19,5704	1203,2	11 52 09
344	11 83 36	18,5472	1080,7	9 29 41	384	14 74 56	19,5959	1206,4	11 58 12
345	11 90 25	18,5742	1083,8	9 34 82	385	14 82 25	19,6214	1209,5	11 64 16
346	11 97 16	18,6011	1087,0	9 40 25	386	14 89 96	19,6469	1212,7	11 70 21
347	12 04 09	18,6279	1090,1	9 45 69	387	14 97 69	19,6723	1215,8	11 76 28
348	12 11 04	18,6548	1093,3	9 51 15	388	15 05 44	19,6977	1218,9	11 82 37
349	12 18 01	18,6815	1096,4	9 56 62	389	15 13 21	19,7231	1222,1	11 88 47
350	12 25 00	18,7083	1099,6	9 62 11	**390**	15 21 00	19,7484	1225,2	11 94 59
351	12 32 01	18,7350	1102,7	9 67 62	391	15 28 81	19,7737	1228,4	12 00 72
352	12 39 04	18,7617	1105,8	9 73 14	392	15 36 64	19,7990	1231,5	12 06 87
353	12 46 09	18,7883	1109,0	9 78 68	393	15 44 49	19,8242	1234,6	12 13 04
354	12 53 16	18,8149	1112,1	9 84 23	394	15 52 36	19,8494	1237,8	12 19 22
355	12 60 25	18,8414	1115,3	9 89 80	395	15 60 25	19,8746	1240,9	12 25 42
356	12 67 36	18,8680	1118,4	9 95 38	396	15 68 16	19,8997	1244,1	12 31 63
357	12 74 49	18,8944	1121,5	10 00 98	397	15 76 09	19,9249	1247,2	12 37 86
358	12 81 64	18,9209	1124,7	10 06 60	398	15 84 04	19,9499	1250,4	12 44 10
359	12 88 81	18,9473	1127,8	10 12 23	399	15 92 01	19,9750	1253,5	12 50 36
360	12 96 00	18,9737	1131,0	10 17 88	**400**	16 00 00	20,0000	1256,6	12 56 64

Beliebige Zahl n od. d	Quadrat (n^2)	Wurzel $(\sqrt{n})$	Kreisumfang (πd)	Kreisfläche $\left(\frac{\pi d^2}{4}\right)$	Beliebige Zahl n od. d	Quadrat (n^2)	Wurzel $(\sqrt{n})$	Kreisumfang (πd)	Kreisfläche $\left(\frac{\pi d^2}{4}\right)$
400	16 00 00	20,0000	1256,6	12 56 64	**440**	19 36 00	20,9762	1382,3	15 20 53
401	16 08 01	20,0250	1259,8	12 62 93	441	19 44 81	21,0000	1385,4	15 27 45
402	16 16 04	20,0499	1262,9	12 69 23	442	19 53 64	21,0238	1388,6	15 34 39
403	16 24 09	20,0749	1266,1	12 75 56	443	19 62 49	21,0476	1391,7	15 41 34
404	16 32 16	20,0998	1269,2	12 81 90	444	19 71 36	21,0713	1394,9	15 48 30
405	16 40 25	20,1246	1272,3	12 88 25	445	19 80 25	21,0950	1398,0	15 55 28
406	16 48 36	20,1494	1275,5	12 94 62	446	19 89 16	21,1187	1401,2	15 62 28
407	16 56 49	20,1742	1278,6	13 01 00	447	19 98 09	21,1424	1404,3	15 69 30
408	16 64 64	20,1990	1281,8	13 07 41	448	20 07 04	21,1660	1407,4	15 76 33
409	16 72 81	20,2237	1284,9	13 13 82	449	20 16 01	21,1896	1410,6	15 83 37
410	16 81 00	20,2485	1288,1	13 20 25	**450**	20 25 00	21,2132	1413,7	15 90 43
411	16 89 21	20,2731	1291,2	13 26 70	451	20 34 01	21,2368	1416,9	15 97 51
412	16 97 44	20,2978	1294,3	13 33 17	452	20 43 04	21,2603	1420,0	16 04 60
413	17 05 69	20,3224	1297,5	13 39 65	453	20 52 09	21,2838	1423,1	16 11 71
414	17 13 96	20,3470	1300,6	13 46 14	454	20 61 16	21,3073	1426,3	16 18 83
415	17 22 25	20,3715	1303,8	13 52 65	455	20 70 25	21,3307	1429,4	16 25 97
416	17 30 56	20,3961	1306,9	13 59 18	456	20 79 36	21,3542	1432,6	16 33 13
417	17 38 89	20,4206	1310,0	13 65 72	457	20 88 49	21,3776	1435,7	16 40 30
418	17 47 24	20,4450	1313,2	13 72 28	458	20 97 64	21,4009	1438,8	16 47 48
419	17 55 61	20,4695	1316,3	13 78 85	459	21 06 81	21,4243	1442,0	16 54 68
420	17 64 00	20,4939	1319,5	13 85 44	**460**	21 16 00	21,4476	1445,1	16 61 90
421	17 72 41	20,5183	1322,6	13 92 05	461	21 25 21	21,4709	1448,3	16 69 14
422	17 80 84	20,5426	1325,8	13 98 67	462	21 34 44	21,4942	1451,4	16 76 39
423	17 89 29	20,5670	1328,9	14 05 31	463	21 43 69	21,5174	1454,6	16 83 65
424	17 97 76	20,5913	1332,0	14 11 96	464	21 52 96	21,5407	1457,7	16 90 93
425	18 06 25	20,6155	1335,2	14 18 63	465	21 62 25	21,5639	1460,8	16 98 23
426	18 14 76	20,6398	1338,3	14 25 31	466	21 71 56	21,5870	1464,0	17 05 54
427	18 23 29	20,6640	1341,5	14 32 01	467	21 80 89	21,6102	1467,1	17 12 87
428	18 31 84	20,6882	1344,6	14 38 72	468	21 90 24	21,6333	1470,3	17 20 21
429	18 40 41	20,71[illegible]3	1347,7	14 45 45	469	21 99 61	21,6564	1473,4	17 27 57
430	18 49 00	20,7364	1350,9	14 52 20	**470**	22 09 00	21,6795	1476,5	17 34 44
431	18 57 61	20,7605	1354,0	14 58 96	471	22 18 41	21,7025	1479,7	17 42 34
432	18 66 24	20,7846	1357,2	14 65 74	472	22 27 84	21,7256	1482,8	17 49 74
433	18 74 89	20,8087	1360,3	14 72 54	473	22 37 29	21,7486	1486,0	17 57 16
434	18 83 56	20,8327	1363,5	14 79 34	474	22 46 76	21,7715	1489,1	17 64 60
435	18 92 25	20,8567	1366,6	14 86 17	475	22 56 25	21,7945	1492,3	17 72 05
436	19 00 96	20,8806	1369,7	14 93 01	476	22 65 76	21,8174	1495,4	17 79 52
437	19 09 69	20,9045	1372,9	14 99 87	477	22 75 29	21,8403	1498,5	17 87 01
438	19 18 44	20,9284	1376,0	15 06 74	478	22 84 84	21,8632	1501,7	17 94 51
439	19 27 21	20,9523	1379,2	15 13 63	479	22 94 41	21,8861	1504,8	18 02 03
440	19 36 00	20,9762	1382,3	15 20 53	**480**	23 04 00	21,9089	1508,0	18 09 56

Beliebige Zahl n od. d	Quadrat (n^2)	Wurzel ($\sqrt{n}$)	Kreisumfang (πd)	Kreisfläche ($\frac{\pi d^2}{4}$)	Beliebige Zahl n od. d	Quadrat (n^2)	Wurzel ($\sqrt{n}$)	Kreisumfang (πd)	Kreisfläche ($\frac{\pi d^2}{4}$)
480	23 04 00	21,9089	1508,0	18 09 56	**520**	27 04 00	22,8035	1633,6	21 23 72
481	23 13 61	21,9317	1511,1	18 17 11	521	27 14 41	22,8254	1636,8	21 31 89
482	23 23 24	21,9545	1514,2	18 24 67	522	27 24 84	22,8473	1639,9	21 40 08
483	23 32 89	21,9773	1517,4	18 32 35	523	27 35 29	22,8692	1643,1	21 48 29
484	23 42 56	22,0000	1520,5	18 39 84	524	27 45 76	22,8910	1646,2	21 56 51
485	23 52 25	22,0227	1523,7	18 47 45	525	27 56 25	22,9129	1649,3	21 64 75
486	23 61 96	22,0454	1526,8	18 55 08	526	27 66 76	22,9347	1652,5	21 73 01
487	23 71 69	22,0681	1530,0	18 62 72	527	27 77 29	22,9565	1655,6	21 81 28
488	23 81 44	22,0907	1533,1	18 70 38	528	27 87 84	22,9783	1658,8	21 89 56
489	23 91 21	22,1133	1536,2	18 78 05	529	27 98 41	23,0000	1661,9	21 97 87
490	24 01 00	22,1359	1539,4	18 85 74	**530**	28 09 00	23,0217	1665,0	22 06 18
491	24 10 81	22,1585	1542,5	18 93 45	531	28 19 61	23,0434	1668,2	22 14 52
492	24 20 64	22,1811	1545,7	19 01 17	532	28 30 24	23,0651	1671,3	22 22 87
493	24 30 49	22,2036	1548,8	19 08 90	533	28 40 89	23,0868	1674,5	22 31 23
494	24 40 36	22,2261	1551,9	19 16 65	534	28 51 56	23,1084	1677,6	22 39 61
495	24 50 25	22,2486	1555,1	19 24 42	535	28 62 25	23,1301	1680,8	22 48 01
496	24 60 16	22,2711	1558,2	19 32 21	536	28 72 96	23,1517	1683,9	22 56 42
497	24 70 09	22,2935	1561,4	19 40 00	537	28 83 69	23,1733	1687,0	22 64 84
498	24 80 04	22,3159	1564,5	19 47 82	538	28 94 44	23,1948	1690,2	22 73 29
499	24 90 01	22,3383	1567,7	19 55 65	539	29 05 21	23,2164	1693,3	22 81 75
500	25 00 00	22,3607	1570,8	19 63 50	**540**	29 16 00	23,2379	1696,5	22 90 22
501	25 10 01	22,3830	1573,9	19 71 36	541	29 26 81	23,2594	1699,6	22 98 71
502	25 20 04	22,4054	1577,1	19 79 23	542	29 37 64	23,2809	1702,7	23 07 22
503	25 30 09	22,4277	1580,2	19 87 13	543	29 48 49	23,3024	1705,9	23 15 74
504	25 40 16	22,4499	1583,4	19 95 04	544	29 59 36	23,3238	1709,0	23 24 28
505	25 50 25	22,4722	1586,5	20 02 96	545	29 70 25	23,3452	1712,2	23 32 83
506	25 60 36	22,4944	1589,6	20 10 90	546	29 81 16	23,3666	1715,3	23 41 40
507	25 70 49	22,5167	1592,8	20 18 86	547	29 92 09	23,3880	1718,5	23 49 98
508	25 80 64	22,5389	1595,9	20 26 83	548	30 03 04	23,4094	1721,6	23 58 58
509	25 90 81	22,5610	1599,1	20 34 82	549	30 14 01	23,4307	1724,7	23 67 20
510	26 01 00	22,5832	1602,2	20 42 82	**550**	30 25 00	23,4521	1727,9	23 75 83
511	26 11 21	22,6053	1605,4	20 50 84	551	30 36 01	23,4734	1731,0	23 84 48
512	26 21 44	22,6274	1608,5	20 58 87	552	30 47 04	23,4947	1734,2	23 93 14
513	26 31 69	22,6495	1611,6	20 66 92	553	30 58 09	23,5160	1737,3	24 01 82
514	26 41 96	22,6716	1614,8	20 74 99	554	30 69 16	23,5372	1740,4	24 10 51
515	26 52 25	22,6936	1617,9	20 83 07	555	30 80 25	23,5584	1643,6	24 19 22
516	26 62 56	22,7156	1621,1	20 91 17	556	30 91 36	23,5797	1746,7	24 27 95
517	26 72 89	22,7376	1624,2	20 99 28	557	31 02 49	23,6008	1749,9	24 36 69
518	26 83 24	22,7596	1627,3	21 07 41	558	31 13 64	23,6220	1753,0	24 45 45
519	26 93 61	22,7816	1630,5	21 15 56	559	31 24 81	23,6432	1756,2	24 54 22
520	27 04 00	22,8035	1633,6	21 23 72	**560**	31 36 00	23,6643	1759,3	24 63 01

Beliebige Zahl n od. d	Quadrat (n^2)	Wurzel ($\sqrt{n}$)	Kreisumfang (πd)	Kreisfläche $\left(\frac{\pi d^2}{4}\right)$	Beliebige Zahl n od. d	Quadrat (n^2)	Wurzel ($\sqrt{n}$)	Kreisumfang (πd)	Kreisfläche $\left(\frac{\pi d^2}{4}\right)$
560	31 36 00	23,6643	1759,3	24 63 01	**600**	36 00 00	24,4949	1885,0	28 27 43
561	31 47 21	23,6854	1762,4	24 71 81	601	36 12 01	24,5153	1888,1	28 36 87
562	31 58 44	23,7065	1765,6	24 80 63	602	36,24 04	24,5357	1891,2	28 46 31
563	31 69 69	23,7276	1768,7	24 89 47	603	36 36 09	24,5561	1894,4	28 55 78
564	31 80 96	23,7487	1771,9	24 98 32	604	36 48 16	24,5764	1897,5	28 65 26
565	31 92 25	23,7697	1775,0	25 07 19	605	36 60 25	24,5967	1900,7	28 74 75
566	32 03 56	23,7908	1778,1	25 16 07	606	36 72 36	24,6171	1903,8	28 84 26
567	32 14 89	23,8118	1781,3	25 24 97	607	36 84 49	24,6374	1906,9	28 93 79
568	32 26 24	23,8328	1784,4	25 33 88	608	36 96 64	24,6577	1910,1	29 03 33
569	32 37 61	23,8537	1787,6	25 42 81	609	37 08 81	24,6779	1913,2	29 12 89
570	32 49 00	23,8747	1790,7	25 51 76	**610**	37 21 00	24,6982	1916,4	29 22 47
571	32 60 41	23,8956	1793,8	25 60 72	611	37 33 21	24,7184	1919,5	29 32 06
572	32 71 84	23,9165	1797,0	25 69 70	612	37 45 44	24,7386	1922,7	29 41 66
573	32 83 29	23,9374	1800,1	25 78 69	613	37 57 69	24,7588	1925,8	29 51 28
574	32 94 76	23,9583	1803,3	25 87 70	614	37 69 96	24,7790	1928,9	29 60 92
575	33 06 25	23,9792	1806,4	25 96 72	615	37 82 25	24,7992	1932,1	29 70 57
576	33 17 76	24,0000	1809,6	26 05 76	616	37 94 56	24,8193	1935,2	29 80 24
577	33 29 29	24,0208	1812,7	26 14 82	617	38 06 89	24,8395	1938,4	29 89 92
578	33 40 84	24,0416	1815,8	26 23 89	618	38 19 24	24,8596	1941,5	29 99 62
579	33 52 41	24,0624	1819,0	26 32 98	619	38 31 61	24,8797	1944,6	30 09 34
580	33 64 00	24,0832	1822,1	26 42 08	**620**	38 44 00	24,8998	1947,8	30 19 07
581	33 75 61	24,1039	1825,3	26 51 20	621	38 56 41	24,9199	1950,9	30 28 82
582	33 87 24	24,1247	1828,4	26 60 33	622	38 68 84	24,9399	1954,1	30 38 58
583	33 98 89	24,1454	1831,5	26 69 48	623	38 81 29	24,9600	1957,2	30 48 36
584	34 10 56	24,1661	1834,7	26 78 65	624	38 93 76	24,9800	1960,4	30 58 15
585	34 22 25	24,1868	1837,8	26 87 83	625	39 06 25	25,0000	1963,5	30 67 96
586	34 33 96	24,2074	1841,0	26 97 03	626	39 18 76	25,0200	1966,6	30 77 79
587	34 45 69	24,2281	1844,1	27 06 24	627	39 31 29	25,0400	1969,8	30 87 63
588	24 57 44	24,2487	1847,3	27 15 47	628	39 43 84	25,0599	1972,9	30 97 48
589	34 69 21	24,2693	1850,4	27 24 71	629	39 56 41	25,0799	1976,1	31 07 36
590	34 81 00	24,2899	1853,5	27 33 97	**630**	39 69 00	25,0998	1979,2	31 17 25
591	34 92 81	24,3105	1856,7	27 43 25	631	39 81 61	25,1197	1982,3	31 27 15
592	35 04 64	24,3311	1859,8	27 52 54	632	39 94 24	25,1396	1985,5	31 37 07
593	35 16 49	24,3516	1863,0	27 61 84	633	40 06 89	25,1595	1988,6	31 47 00
594	35 28 36	24,3721	1866,1	27 71 17	634	40 19 56	25,1794	1991,8	31 56 96
595	35 40 25	24,3926	1869,2	27 80 51	635	40 32 25	25,1992	1994,9	31 66 92
596	35 52 16	24,4131	1872,4	27 89 86	636	40 44 96	25,2190	1998,1	31 76 90
597	35 64 09	24,4336	1875,5	27 99 23	637	40 57 69	25,2389	2001,2	31 86 90
598	35 76 04	24,4540	1878,7	28 08 62	638	40 70 44	25,2587	2004,3	31 96 92
599	35 88 01	24,4745	1881,8	28 18 02	639	40 83 21	25,2784	2007,5	32 06 95
600	36 00 00	24,4949	1885,0	28 27 43	**640**	40 96 00	25,2982	2010,6	32 16 99

Beliebige Zahl n od. d	Quadrat (n^2)	Wurzel ($\sqrt{n}$)	Kreisumfang (πd)	Kreisfläche ($\frac{\pi d^2}{4}$)	Beliebige Zahl n od. d	Quadrat (n^2)	Wurzel ($\sqrt{n}$)	Kreisumfang (πd)	Kreisfläche ($\frac{\pi d^2}{4}$)
640	40 96 00	25,2982	2010,6	32 16 99	**680**	46 24 00	26,0768	2136,3	36 31 68
641	41 08 81	25,3180	2013,8	32 27 05	681	46 37 61	26,0960	2139,4	36 42 37
642	41 21 64	25,3377	2016,9	32 37 13	682	46 51 24	26,1151	2142,6	36 53 08
643	41 34 49	25,3574	2020,0	32 47 22	683	46 64 89	26,1343	2145,7	36 63 80
644	41 47 36	25,3772	2023,2	32 57 33	684	46 78 56	26,1534	2148,8	36 74 53
645	41 60 25	25,3969	2026,3	32 67 45	685	46 92 25	26,1725	2152,0	36 85 28
646	41 73 16	25,4165	2029,5	32 77 59	686	47 05 96	26,1916	2155,1	36 96 05
647	41 86 09	25,4362	2032,6	32 87 75	687	47 19 69	26,2107	2158,3	37 06 84
648	41 99 04	25,4558	2035,8	32 97 92	688	47 33 44	26,2298	2161,4	37 17 64
649	42 12 01	25,4755	2038,9	33 08 10	689	47 47 21	26,2488	2164,6	37 28 45
650	42 25 00	25,4951	2042,0	33 18 31	**690**	47 61 00	26,2679	2167,7	37 39 28
651	42 38 01	25,5147	2045,2	33 28 53	691	47 74 81	26,2869	2170,8	37 50 13
652	42 51 04	25,5343	2048,3	33 38 76	692	47 88 64	26,3059	2174,0	37 60 99
653	42 64 09	25,5539	2051,5	33 49 01	693	48 02 49	26,3249	2177,1	37 71 87
654	42 77 16	25,5734	2054,6	33 59 27	694	48 16 36	26,3439	2180,3	37 82 76
655	42 90 25	25,5930	2057,7	33 69 55	695	48 30 25	26,3629	2183,4	37 93 67
656	43 03 36	25,6125	2060,9	33 79 85	696	48 44 16	26,3818	2186,5	38 04 59
657	43 16 49	25,6320	2064,0	33 90 16	697	48 58 09	26,4008	2189,7	38 15 53
658	43 29 64	25,6515	2067,2	34 00 49	698	48 72 04	26,4197	2192,8	38 26 49
659	43 42 81	25,6710	2070,3	34 10 83	699	48 86 01	26,4386	2196,0	38 37 46
660	43 56 00	25,6905	2073,5	34 21 19	**700**	49 00 00	26,4575	2199,1	38 48 45
661	43 69 21	25,7099	2076,6	34 31 57	701	49 14 01	26,4764	2202,3	38 59 45
662	43 82 44	25,7294	2079,7	34 41 96	702	49 28 04	26,4953	2205,4	38 70 47
663	43 95 69	25,7488	2082,9	34 52 37	703	49 42 09	26,5141	2208,5	38 81 51
664	44 08 96	25,7682	2086,0	34 62 79	704	49 56 16	26,5330	2211,7	38 92 56
665	44 22 25	25,7876	2089,2	34 73 23	705	49 70 25	26,5518	2214,8	39 03 63
666	44 35 56	25,8070	2092,3	34 83 68	706	49 84 36	26,5707	2218,0	39 14 71
667	44 48 89	25,8263	2095,4	34 94 15	707	49 98 49	26,5895	2221,1	39 25 80
668	44 62 24	25,8457	2098,6	35 04 64	708	50 12 64	26,6083	2224,2	39 36 92
669	44 75 61	25,8650	2101,7	35 15 14	709	50 26 81	26,6271	2227,4	39 48 05
670	44 89 00	25,8844	2104,9	35 25 65	**710**	50 41 00	26,6458	2230,5	39 59 19
671	45 02 41	25,9037	2108,0	35 36 18	711	50 55 21	26,6646	2233,7	39 70 35
672	45 15 84	25,9230	2111,2	35 46 73	712	50 69 44	26,6833	2236,8	39 81 53
673	45 29 29	25,9422	2114,3	35 57 30	713	50 83 69	26,7021	2240,0	39 92 72
674	45 42 76	25,9615	2117,4	35 67 88	714	50 97 96	26,7208	2243,1	40 03 93
675	45 56 25	25,9808	2120,6	35 78 47	715	51 12 25	26,7395	2246,2	40 15 15
676	45 69 76	26,0000	2123,7	35 89 08	716	51 26 56	26,7582	2249,4	40 26 39
677	45 83 29	26,0192	2126,9	35 99 71	717	51 40 89	26,7769	2252,5	40 37 65
678	45 96 84	26,0384	2130,0	36 10 35	718	51 55 24	26,7955	2255,7	40 48 92
679	46 10 41	26,0576	2133,1	36 21 01	719	51 69 61	26,8142	2258,8	40 60 20
680	46 24 00	26,0768	2136,3	36 31 68	**720**	51 84 00	26,832	2261,9	40 71 50

Beliebige Zahl n od. d	Quadrat (n^2)	Wurzel ($\sqrt{n}$)	Kreisumfang (πd)	Kreisfläche ($\frac{\pi d^2}{4}$)	Beliebige Zahl n od. d	Quadrat (n^2)	Wurzel ($\sqrt{n}$)	Kreisumfang (πd)	Kreisfläche ($\frac{\pi d^2}{4}$)
720	51 84 00	26,8328	2261.9	40 71 50	**760**	57 76 00	27,5681	2387,6	45 36 46
721	51 98 41	26,8514	2265,1	40 82 82	761	57 91 21	27,5862	2390,8	45 48 41
722	52 12 84	26,8701	2268,2	40 94 15	762	58 06 44	27,6043	2393,9	45 60 37
723	52 27 29	26,8887	2271,4	41 05 50	763	58 21 69	27,6225	2397,0	45 72 34
724	52 41 76	26,9072	2274,5	41 16 87	764	58 36 96	27,6405	2400,2	45 84 34
725	52 56 25	26,9258	2277,7	41 28 25	765	58 52 25	27,6586	2403,3	45 96 35
726	52 70 76	26,9444	2280,8	41 39 65	766	58 67 56	27,6767	2406,5	46 08 37
727	52 85 29	26,9629	2283,9	41 51 06	767	58 82 89	27,6948	2409,6	46 20 41
728	52 99 84	26,9815	2287,1	41 62 48	768	58 98 24	27,7128	2412,7	46 32 47
729	53 14 41	27,0000	2290,2	41 73 93	769	59 13 61	27,7308	2415,9	46 44 54
730	53 29 00	27,0185	2293,4	41 85 39	**770**	59 29 00	27,7489	2419,0	46 56 63
731	53 43 61	27,0370	2296,5	41 96 86	771	59 44 41	27,7669	2422,2	46 68 73
732	53 58 24	27,0555	2299,6	42 08 35	772	59 59 84	27,7849	2425,3	46 80 85
733	53 72 89	27,0740	2302,8	42 19 86	773	59 75 29	27,8029	2428,5	46 92 98
734	53 87 56	27,0924	2305,9	42 31 38	774	59 90 76	27,8209	2431,6	47 05 13
735	54 02 25	27,1109	2309,1	42 42 92	775	60 06 25	27,8388	2434,7	47 17 30
736	54 16 96	27,1293	2312,2	42 54 47	776	60 21 76	27,8568	2437,9	47 29 48
737	54 31 69	27,1477	2315,4	42 66 04	777	60 37 29	27,8747	2441,0	47 41 68
738	54 46 44	27,1662	2318,5	42 77 62	778	60 52 84	27,8927	2444,2	47 53 89
739	54 61 21	27,1846	2321,6	42 89 22	779	60 68 41	27,9106	2447,3	47 66 12
740	54 76 00	27,2029	2324,8	43 00 84	**780**	60 84 00	27,9285	2450,4	47 78 36
741	54 90 81	27,2213	2327,9	43 12 47	781	60 99 61	27,9464	2453,6	47 90 62
742	55 05 64	27,2397	2331,1	43 24 12	782	61 15 24	27,9643	2456,7	48 02 90
743	55 20 49	27,2580	2334,2	43 35 78	783	61 30 89	27,9821	2459,9	48 15 19
744	55 35 36	27,2764	2337,3	43 47 46	784	61 46 56	28,0000	2463.0	48 27 50
745	55 50 25	27,2947	2340,5	43 59 16	785	61 62 25	28,0179	2466,2	48 39 82
746	55 65 16	27,3130	2343,6	43 70 87	786	61 77 96	28,0357	2469,3	48 52 16
747	55 80 09	27,3313	2346,8	43 82 59	787	61 93 69	28,0535	2472,4	48 64 51
748	55 95 04	27,3496	2349,9	43 94 33	788	62 09 44	28,0713	2475,6	48 76 88
749	56 10 01	27,3679	2353,1	44 06 09	789	62 25 21	28,0891	2478,7	48 89 27
750	56 25 00	27,3861	2356,2	44 17 86	**790**	62 41 00	28,1069	2481,9	49 01 67
751	56 40 01	27,4044	2359,3	44 29 65	791	62 56 81	28,1247	2485,0	49 14 09
752	56 55 04	27,4226	2362,5	44 41 46	792	62 72 64	28,1425	2488,1	49 26 52
753	56 70 09	27,4408	2365,6	44 53 28	793	62 88 49	28,1603	2491,3	49 38 97
754	56 85 16	27,4591	2368,8	44 65 11	794	63 04 36	28,1780	2494,4	49 51 43
755	57 00 25	27,4773	2371,9	44 76 97	795	63 20 25	28,1957	2497,6	49 63 91
756	57 15 36	27,4955	2375,0	44 88 83	796	63 36 16	28,2135	2500,7	49 76 41
757	57 30 49	27,5136	2378,2	45 00 72	797	63 52 09	28,2312	2503,8	49 88 92
758	57 45 64	27,5318	2381,3	45 12 62	798	63 68 04	28,2489	2507,0	50 01 45
759	57 60 81	27,5500	2384,5	45 24 53	799	63 84 01	28,2666	2510,1	50 13 99
760	57 76 00	27,5681	2387,6	45 36 46	**800**	64 00 00	28,2843	2513,3	50 26 55

Beliebige Zahl n od. d	Quadrat (n^2)	Wurzel ($\sqrt{n}$)	Kreisumfang (πd)	Kreisfläche ($\frac{\pi d^2}{4}$)	Beliebige Zahl n od. d	Quadrat (n^2)	Wurzel ($\sqrt{n}$)	Kreisumfang (πd)	Kreisfläche ($\frac{\pi d^2}{4}$)
800	64 00 00	28,2843	2513,3	50 26 55	**840**	70 56 00	28,9828	2638,9	55 41 77
801	64 16 01	28,3019	2516,4	50 39 12	841	70 72 81	29,0000	2642,1	55 54 97
802	64 32 04	28,3196	2519,6	50 51 71	842	70 89 64	29,0172	2645,2	55 68 19
803	64 48 09	28,3373	2522,7	50 64 32	843	71 06 49	29,0345	2648,4	55 81 42
804	64 64 16	28,3549	2525,8	50 76 94	844	71 23 36	29,0517	2651,5	55 94 67
805	64 80 25	28,3725	2529,0	50 89 58	845	71 40 25	29,0689	2654,6	56 07 94
806	64 96 36	28 3901	2532,1	51 02 23	846	71 57 16	29,0861	2657,8	56 21 22
807	65 12 49	28,4077	2535,3	51 14 90	847	71 74 09	29,1033	2660,9	56 34 52
808	65 28 64	28,4253	2538,4	51 27 58	848	71 91 04	29,1204	2664,1	56 47 83
809	65 44 81	28,4429	2541,5	51 40 28	849	72 08 01	29,1376	2667,2	56 61 16
810	65 61 00	28,4605	2544,7	51 53 00	**850**	72 25 00	29,1548	2670,4	56 74 50
811	65 77 21	28,4781	2547,8	51 65 73	851	72 42 01	29,1719	2673,5	56 87 86
812	65 93 44	28,4956	2551,0	51 78 48	852	72 59 04	29,1890	2676,6	57 01 24
813	66 09 69	28,5132	2554,1	51 91 24	853	72 76 09	29,2062	2679,8	57 14 63
814	66 25 96	28,5307	2557,3	52 04 02	854	72 93 16	29,2233	2682,9	57 28 03
815	66 42 25	28,5482	2560,4	52 16 81	855	73 10 25	29,2404	2686,1	57 41 46
816	66 58 56	28,5657	2563,5	52 29 62	856	73 27 36	29,2575	2689,2	57 54 90
817	66 74 89	28,5832	2566,7	52 42 45	857	73 44 49	29,2746	2692,3	57 68 35
818	66 91 24	28,6007	2569,8	52 55 29	858	73 61 64	29,2916	2695,5	57 81 82
819	67 07 61	28,6182	2573,0	52 68 14	859	73 78 81	29,3087	2698,6	57 95 30
820	67 24 00	28,6356	2576,1	52 81 02	**860**	73 96 00	29,3258	2701,8	58 08 80
821	67 40 41	28,6531	2579,2	52 93 91	861	74 13 21	29,3428	2704,9	58 22 32
822	67 56 84	28,6705	2582,4	53 06 81	862	74 30 44	29,3598	2708,1	58 35 85
823	67 73 29	28,6880	2585,5	53 19 73	863	74 47 69	29,3769	2711,2	58 49 40
824	67 89 76	28,7054	2588,7	53 32 67	864	74 64 96	29,3939	2714,3	58 62 97
825	68 06 25	28,7228	2591,8	53 45 62	865	74 82 25	29,4109	2717,5	58 76 55
826	68 22 76	28,7402	2595,0	53 58 58	866	74 99 56	29,4279	2720,6	58 90 14
827	68 39 29	28,7576	2598,1	53 71 57	867	75 16 89	29,4449	2723,8	59 03 75
828	68 55 84	28,7750	2601,2	53 84 56	868	75 34 24	29,4618	2726,9	59 17 38
829	68 72 41	28,7924	2604,4	53 97 58	869	75 51 61	29,4788	2730,0	59 31 02
830	68 89 00	28,8097	2607,5	54 10 61	**870**	75 69 00	29,4958	2733,2	59 44 68
831	69 05 61	28,8271	2610,7	54 23 65	871	75 86 41	29,5127	2736,3	59 58 35
832	69 22 24	28,8444	2613,8	54 36 71	872	76 03 84	29,5296	2739,5	59 72 04
833	69 38 89	28,8617	2616,9	54 49 79	873	76 21 29	29,5466	2742,6	59 85 75
834	69 55 56	28,8791	2620,1	54 62 88	874	76 38 76	29,5635	2745,8	59 99 47
835	69 72 25	28,8964	2623,2	54 75 99	875	76 56 25	29,5804	2748,9	60 13 20
836	69 88 96	28,9137	2626,4	54 89 12	876	76 73 76	29,5973	2752,0	60 26 96
837	70 05 69	28,9310	2629,5	55 02 26	877	76 91 29	29,6142	2755,2	60 40 73
838	70 22 44	28,9482	2632,7	55 15 41	878	77 08 84	29,6311	2758,3	60 54 51
839	70 39 21	28,9655	2635,8	55 28 58	879	77 26 41	29,6479	2761,5	60 68 31
840	70 56 00	28,9828	2638,9	55 41 77	**880**	77 44 00	29,6648	2764,6	60 82 12

Beliebige Zahl n od. d	Quadrat (n^2)	Wurzel ($\sqrt{n}$)	Kreisumfang (πd)	Kreisfläche $\left(\frac{\pi d^2}{4}\right)$	Beliebige Zahl n od. d	Quadrat (n^2)	Wurzel ($\sqrt{n}$)	Kreisumfang (πd)	Kreisfläche $\left(\frac{\pi d^2}{4}\right)$
880	77 44 00	29,6648	2764,6	60 82 12	**920**	84 64 00	30,3315	2890,3	66 47 61
881	77 61 61	29,6816	2767,7	60 95 95	921	84 82 41	30,3480	2893,4	66 62 07
882	77 79 24	29,6985	2770,9	61 09 80	922	85 00 84	30,3645	2896,5	66 76 54
883	77 96 89	29,7153	2774,0	61 23 66	923	85 19 29	30,3809	2899,7	66 91 03
884	78 14 56	29,7321	2777,2	61 37 54	924	85 37 76	30,3974	2902,8	67 05 54
885	78 32 25	29,7489	2780,3	61 51 43	925	85 56 25	30,4138	2906,0	67 20 06
886	78 49 96	29,7658	2783,5	61 65 34	926	85 74 76	30,4302	2909,1	67 34 60
887	78 67 69	29,7825	2786,6	61 79 27	927	85 93 29	30,4467	2912,3	67 49 15
888	78 85 44	29,7993	2789,7	61 93 21	928	86 11 84	30,4631	2915,4	67 63 72
889	79 03 21	29,8161	2792,9	62 07 17	929	86 30 41	30,4795	2918,5	67 78 31
890	79 21 00	29,8329	2796,0	62 21 14	**930**	86 49 00	30,4959	2921,7	67 92 91
891	79 38 81	29,8496	2799,2	62 35 13	931	86 67 61	30,5123	2924,8	68 07 52
892	79 56 64	29,8664	2802,3	62 49 13	932	86 86 24	30,5287	2928,0	68 22 16
893	79 74 49	29,8831	2805,4	62 63 15	933	87 04 89	30,5450	2931,1	68 36 80
894	79 92 36	29,8998	2808,6	62 77 18	934	87 23 56	30,5614	2934,2	68 51 47
895	80 10 25	29,9166	2811,7	62 91 24	935	87 42 25	30,5778	2937,4	68 66 15
896	80 28 16	29,9333	2814,9	63 05 30	936	87 60 96	30,5941	2940,5	68 80 84
897	80 46 09	29,9500	2818,0	63 19 38	937	87 79 69	30,6105	2943,7	68 95 55
898	80 64 04	29,9666	2821,2	63 33 48	938	87 98 44	30,6268	2946,8	69 10 28
899	80 82 01	29,9833	2824,3	63 47 60	939	88 17 21	30,6431	2950,0	69 25 02
900	81 00 00	30,0000	2827,4	63 61 73	**940**	88 36 00	30,6594	2953,1	69 39 78
901	81 18 01	30,0167	2830,6	63 75 87	941	88 54 81	30,6757	2956,2	69 54 55
902	81 36 04	30,0333	2833,7	63 90 03	942	88 73 64	30,6920	2959,4	69 69 34
903	81 54 09	30,0500	2836,9	64 04 21	943	88 92 49	30,7083	2962,5	69 84 15
904	81 72 16	30,0666	2840,0	64 18 40	944	89 11 36	30,7246	2965,7	69 98 97
905	81 90 25	30,0832	2843,1	64 32 61	945	89 30 25	30,7409	2968,8	70 13 80
906	82 08 36	30,0998	2846,3	64 46 83	946	89 49 16	30,7571	2971,9	70 28 65
907	82 26 49	30,1164	2849,4	64 61 07	947	89 68 09	30,7734	2975,1	70 43 52
908	82 44 64	30,1330	2852,6	64 75 33	948	89 87 04	30,7896	2978,2	70 58 40
909	82 62 81	30,1496	2855,7	64 89 60	949	90 06 01	30,8058	2981,4	70 73 30
910	82 81 00	30,1662	2858,8	65 03 88	**950**	90 25 00	30,8221	2984,5	70 88 22
911	82 99 21	30,1828	2862,0	65 18 18	951	90 44 01	30,8383	2987,7	71 03 15
912	83 17 44	30,1993	2865,1	65 32 50	952	90 63 04	30,8545	2990,8	71 18 09
913	83 35 69	30,2159	2868,3	65 46 84	953	90 82 09	30,8707	2993,9	71 33 06
914	83 53 96	30,2324	2871,4	65 61 18	954	91 01 16	30,8869	2997,1	71 48 03
915	83 72 25	30,2490	2874,6	65 75 55	955	91 20 25	30,9031	3000,2	71 63 03
916	83 90 56	30,2655	2877,7	65 89 93	956	91 39 36	30,9192	3003,4	71 78 04
917	84 08 89	30,2820	2880,8	66 04 33	957	91 58 49	30,9354	3006,5	71 93 06
918	84 27 24	30,2985	2884,0	66 18 74	958	91 77 64	30,9516	3009,6	72 08 10
919	84 45 61	30,3150	2887,1	66 33 17	959	91 96 81	30,9677	3012,8	72 23 16
920	84 64 00	30,3315	2890,3	66 47 61	**960**	92 16 00	30,9839	3015,9	72 38 23

Beliebige Zahl n od. d	Quadrat (n^2)	Wurzel ($\sqrt{n}$)	Kreisumfang (πd)	Kreisfläche ($\frac{\pi d^2}{4}$)	Beliebige Zahl n od. d	Quadrat (n^2)	Wurzel ($\sqrt{n}$)	Kreisumfang (πd)	Kreisfläche ($\frac{\pi d^2}{4}$)
960	92 16 00	30,9839	3015,9	72 38 23	**980**	96 04 00	31,3050	3078,8	75 42 96
961	92 35 21	31,0000	3019,1	72 53 32	981	96 23 61	31,3209	3081,9	75 58 37
962	92 54 44	31,0161	3022,2	72 68 42	982	96 43 24	31,3369	3085,0	75 73 78
963	92 73 69	31,0322	3025,4	72 83 54	983	96 62 89	31,3528	3088,2	75 89 22
964	92 92 96	31,0483	3028,5	72 98 67	984	96 82 56	31,3688	3091,3	76 04 66
965	93 12 25	31,0644	3031,6	73 13 82	985	97 02 25	31,3847	3094,5	76 20 13
966	93 31 56	31,0805	3034,8	73 28 99	986	97 21 96	31,4006	3097,6	76 35 61
967	93 50 89	31,0966	3037,9	73 44 17	987	97 41 69	31,4166	3100,8	76 51 11
968	93 70 24	31,1127	3041,1	73 59 37	988	97 61 44	31,4325	3103,9	76 66 62
969	93 89 61	31,1288	3044,2	73 74 58	989	97 81 21	31,4484	3107,0	76 82 14
970	94 09 00	31,1448	3047,3	73 89 81	**990**	98 01 00	31,4643	3110,2	76 97 69
971	94 28 41	31,1609	3050,5	74 05 06	991	98 20 81	31,4802	3113,3	77 13 25
972	94 47 84	31,1769	3053,6	74 20 32	992	98 40 64	31,4960	3116,5	77 28 82
973	94 67 29	31,1929	3056,8	74 35 59	993	98 60 49	31,5119	3119,6	77 44 41
974	94 86 76	31,2090	3059,9	74 50 88	994	98 80 36	31,5278	3122,7	77 60 02
975	95 06 25	31,2250	3063,1	74 66 19	995	99 00 25	31,5436	3125,9	77 75 64
976	95 25 76	31,2410	3066,2	74 81 51	996	99 20 16	31,5595	3129,0	77 91 28
977	95 45 29	31,2570	3069,3	74 96 85	997	99 40 09	31,5753	3132,2	78 06 93
978	95 64 84	31,2730	3072,5	75 12 21	998	99 60 04	31,5911	3135,3	78 22 60
979	95 84 41	31,2890	3075,6	75 27 58	999	99 80 01	31,6070	3138,5	78 38 28
980	96 04 00	31,3050	3078,8	75 42 96	**1000**	1000000	31,6228	3141,6	78 53 98

Lehr- und Aufgabenbuch der Physik für Maschinenbau- und Gewerbeschule, sowie für verwandte technische Lehranstalten und zum Selbstunterricht. Von Oberstudienrat Prof. Dr. G. Wiegner und Regierungsbaumeister Dipl.-Ing. Prof. P. Stephan. In 3 Teilen. Mit zahlreichen Fig. im Text und ausgeführten Musterbeispielen. (Teubners Unterrichtsbücher für maschinentechn. Lehranstalten Bd. 1, 2, 3.) I. Teil: **Allgemeine Eigenschaften der Körper, Mechanik.** 3., verb. Aufl. Kart. M. 4.20. II. Teil: **Lehre von der Wärme. Lehre vom Licht** (Optik.) **Wellenlehre.** 2., verb. Aufl. Kart. M. 3.40. III. Teil: **Elektrizität** (einschl. Magnetismus). **Einführung in die Elektrotechnik.** 2. Aufl. Kart. M. 4.—

Natur und Werkstoff. Grundlehren der Physik, Chemie, Werk- und Betriebsstoffkunde Für Fachschulen, insbesondere Eisenbahnschulen und für den Selbstunterricht. Von Reg.-Baumeister Prof. F. Titz. Mit 37 Abb. und 2 Skizzentafeln. Kart. M. 1.75

Aufgaben aus der technischen Mechanik für den Schul- und Selbstunterricht. Von Prof. N. Schmitt. I. Bewegungslehre, Statik und Festigkeitslehre. 2. Aufl. Mit 240 Aufgaben u. Lösungen sowie zahlr. Fig. i. T. II. Dynamik und Hydraulik. 2. Aufl. Von Oberstudienrat Prof. Dr. G. Wiegener. Mit 198 Aufgaben und Lösungen sowie zahlr. Fig. im Text. (ANuG Bd. 558/559.) Geb. je M. 1 80

„Eine ganz vorzügliche Sammlung von typischen Aufgaben samt ausgeführten Lösungen, welche einer auf Arbeitsfreudigkeit der Schüler glücklich abzielenden Unterrichtstätigkeit entsprossen, selbst den bereits erwerbstätigen Techniker noch zu fesseln und zu fördern vermögen." (Fachschule.)

Fachkunde für Maschinenbauer u. verw. Berufe. V. Gewerbeschulrat K. Uhrmann, Dir. Ing. F. Schuth u. Dir. Ing. O. Stolzenberg. M. 498 Abb. Geb. M. 4.40

Das Werk bringt erstmalig eine für Werkmeister, Monteure, Schlosser, Dreher usw. geeignete elementar gehaltene Fachkunde. Sie zerfällt in 3 Teile: Rohstoffkunde, Arbeitskunde, Kraftmaschinen und bringt unter Ausschaltung alles Nebensächlichen das für den Maschinenbauer sachlich Notwendige.

Maschinenbau. Von Ing. O. Stolzenberg. I. Teil: Werkstoffe des Maschinenbaues u. ihre Bearbeitung auf warmem Wege. Mit 255 Abb. Geb. M. 4.—. II. Teil: Arbeitsverfahren. Mit 750 Abb. Geb. M 7.—. III. Teil: Methodik der Fachkunde u. Fachrechnen. Kart. M. 2.40

„Das Bestreben, die ursächlichen Zusammenhänge in anschaulicher Art bei allen behandelten Hauptstücken klar hervorzukehren, bildet ein wesentliches Merkmal des Werkes. Zahlreiche Abbildungen unterstützen diese Absicht in bemerkenswerter Weise. Dem Buch ist eine weite Verbreitung zu wünschen, um die darin enthaltenen Früchte erfolgreicher Arbeit gleichsam als ‚Norm' dem Unterricht in den Fachgewerbe- und Werkschulen zugrunde zu legen." (Stahl und Eisen.)

Die Maschinenelemente. Von Geh. Bergrat Prof. R. Vater. 4., erw. Aufl. Bearb. von Privatdoz. Dr. F. Schmidt. Mit 183 Abb. im Text. (ANuG Bd. 301.) Geb. M. 1.80

Behandelt in leichtverständlicher, für Praxis und Studium berechneter Darstellung, Bauart, Verwendung und Wirkungsweise alle für den Maschinenbau in Betracht kommende Einzelheiten, Kraftübertragungsgetriebe, Rohre und Ventile.

Die Dampfmaschine. Von Geh. Bergrat Prof. R. Vater. Neubearbeitet von Privatdozent Dr. F. Schmitt. I. Wirkungsweise des Dampfes im Kessel u. in der Maschine. 5. Aufl. Mit 38 Abb. II. Ihre Gestaltung und Verwendung. 3. Aufl. Mit 94 Abb. (ANuG. Bd. 393/394.) Geb. je M. 1.80

Die Bändchen geben eine anschauliche Darstellung der inneren Vorgänge im Dampfkessel und der Dampfmaschine und zeigen deren wesentliche Bauarten und vielseitige Verwendbarkeit.

Die neueren Wärmekraftmaschinen. Von Geh. Bergrat Prof. R. Vater. Neubearbeitet von Privatdozent Dr. F. Schmitt. 2 Bde. I. Einführung in die Theorie und den Bau der Gasmaschinen. 6. Aufl. Mit 45 Abb. im Text. II. Gaserzeuger, Großgasmaschinen, Dampf- und Gasturbinen. 5. Aufl. Mit 46 Abb. (ANuG. Bd. 21 u. 86.) Geb. je M. 1.80

„Die vorsichtige Auswahl aus dem umfassenden Stoff ist ein Beweis für die scharfe, kritische Arbeitsweise des Verfassers, der sowohl für Laien als auch für Ingenieure fesselnd zu schreiben versteht und immer das Kennzeichnende zu treffen weiß." (Archiv für Eisenbahnwesen.)

Das Zeichnen der konstruierenden Berufe (Metall-, Holz- und Steinarbeiter) in gemischt beruflichen Klassen kleiner Berufsschulen. Von Oberregierungs- u. Gewerbeschulrat Professor W. Hecker und Dipl.-Ing. Dir. Gagel. Mit über 300 Abb. im Text u. 50 Tafeln. Geb. M. 10.—

Normschrift. M. —.40. **Rundschrift.** 3. Aufl. M. —.60. **Steilschrift.** 2. Aufl. M. —.40. Lehr- und Übungshefte für Schul- und Selbstunterricht. Von Gewerbeschulrat Dr. R. Schubert.

Schullehrbuch der deutschen Kurzschrift. Von Studiendirektor Dr. B. Gaster, Mitglied des amtlichen Ausschusses für Schaffung der deutschen Einheitskurzschrift. Kart. M. 1.40

Verlag von B. G. Teubner in Leipzig und Berlin

GPSR Compliance

The European Union's (EU) General Product Safety Regulation (GPSR) is a set of rules that requires consumer products to be safe and our obligations to ensure this.

If you have any concerns about our products, you can contact us on ProductSafety@springernature.com

In case Publisher is established outside the EU, the EU authorized representative is:

Springer Nature Customer Service Center GmbH
Europaplatz 3
69115 Heidelberg, Germany

Batch number: 10815964

Printed by Printforce, the Netherlands